日本がダメだと思っている人へ

これが防衛力抜本強化の実態だ

江崎道朗
Ezaki Michio

田北真樹子
Takita Makiko

ビジネス社

はじめに

「台湾有事は日本有事」

「尖閣諸島が危ない」

「北朝鮮によるミサイル発射が相次いでいる」

「それなのに日本の防衛はどうなっているのか。政府は何をしているんだ」

——そうした疑問、不安を抱いている方のために書いたのがこの本です。

テレビや新聞はどうしても政府を批判することに力点を置きがちです。ある意味、政府の問題点を指摘するのが仕事だからです。

日本の防衛政策はここまで進んでいて、ここが足りないという建設的な批判をするためには、これまでの政府の防衛、安全保障政策がどのようなもので、それがどのようにして改善され、現在はどうなっているのか、かなりの取材と知識が必要です。しかし記者の皆さんは日々、様々な事件を追いかけ、それを報じないといけないので、防衛や安全保障についてじっくりと取材する時間も余力もありません。

実は台湾有事や尖閣諸島問題について政府は地道に、しかも確実に手を打っています。よって忙しいマスコミに代わって専門家、言論人が活躍すべきところですし、実際に現場にいた方々、具体的には官邸や防衛省、自衛隊にいた専門家たちが日本政府の奮闘を伝えようとしてくれています。

しかし、そうした人々はごく一部で、大半の専門家、言論人はどちらかというと、日本の防衛がいかにダメなのかばかりを強調しています。それには、以下の三つのパターンがあります。

第一のパターンは、「日本の防衛、安全保障はかくあるべきだ」という理想が余りにも高くて、その理想に達していない政府を批判してしまう人たちです。しかも「政府は何をしているんだ」と批判して溜飲を下げる議論の方がどうしても好まれがちです。現に書籍でも「日本は危ない」「日本の政治家はダメだ」という趣旨の本の方が売れるんです。

第二のパターンは、そもそも「日本政府はダメだ」と思い込んでいる人たちです。こうした「思い込みが激しい」人たちは、政府がいくら防衛力の抜本強化を進めようとしていても「どうせアメリカから言われて防衛力を強化するふりをしているだけだ」とか、「日本はアメリカの属国なんだから何をしても無駄」みたいに日本不信を煽るだけです。この人たちの特徴は、出所不明な怪しげな、かつ断片的な情報に基づいて、日本がいかにダメなのかをひたすら吹聴する傾向が強いということです。

ちなみに「日本はアメリカの属国だ」という形で日本不信を煽るのは、旧ソ連に代表される共産主義陣営の典型的なプロパガンダ（政治宣伝）の手法です。そうやって日本とアメリカへの不信を煽って日本政府と国民、日本とアメリカを分断することで「漁夫の利」を得ようというわけです。

第三のパターンは、2012年に発足した第二次安倍政権以降の安全保障、防衛政策の進展についてよく分かっていない人たちです。確かに我が国の安全保障、防衛は問題だらけです。その余りの酷さは、専門的に勉強した人ほどよく分かっています。ただし第二次安倍政権以降のこの10年、特に2022年の岸田政権による安保3文書の策定と防衛費43兆円によって我が国の防衛は急変しています。その余りの急変ぶりを理解するためには政府の公文書を読み解き、現場を取材しないといけないわけですが、そうした知識のアップデートができていない言論人が少なくないのです。

かくして第二次安倍政権以降、我が国の安全保障、防衛は経済界を巻き込みながら格段に強化され、改善されているのに、そうした実態はあまり報じられていないわけです。

だが、考えてほしいのですが、会社でも仕事でできていないところばかりを指摘する人がいますが、そうした上司ばかりだと会社の空気も悪くなってしまいます。政治も同様で、防衛を懸命に立て直そうと奮闘している人たちからすれば、「我々はこんなに安全保障政策を立て直すべく奮闘し、防衛力を抜本強化しようと思っているのに誰も分かってくれないどころか、粗探しばかりされるなんて」と、やる気が削がれるだけなのです。

粗探しばかりが横行し、国民の理解が広がらないままだと、日本の安全保障、防衛力の抜本強化が進まなくなってしまう。それは我々国民の側にとってもマイナスではないか。そうした問題意識をもって本書では過去の我が国の防衛、安全保障政策のダメダメぶりと、それが今どのように改善され、残された課題は何なのかについて、さまざまなエピソードを交えながら具体的に描きました。

対談形式にしたのはできるだけ平易に、かつ分かりやすく日本の防衛、安全保障の実情を伝えたいと考えたからです。

対談相手の田北さんは産経新聞社の記者として、また月刊『正論』編集長として防衛、安全保障の「過去」と「現在」について取材をしてきた方で、その豊富な取材経験から来る話は極めてリアルで、是非とも読んでもらいたいと思います。

2024年8月

麗澤大学客員教授　江崎道朗

日本がダメだと思っている人へ――目次

第2章　第2次安倍政権が創り出した国家安保戦略

第3章　官邸主導政治で国防力は向上する

第4章　インテリジェンスをもっと重視せよ

第5章　米軍を支える自衛隊へ

第6章 中国の脅威を正しく直視する

第1章

安全保障が日本経済を活性化させる

防衛予算はコストではなく投資

田北　2022年12月、岸田文雄政権は、日本の国家安全保障政策にかかわる主要な文書として「安保戦略（国家安全保障戦略）」「防衛戦略（国家防衛戦略）」「整備計画（防衛力整備計画）」の3つの文書を閣議決定しました。いわゆる「安保3文書」です。

江崎　内外の危機に対して日本が今後10年間、どのように対応していくのか、中長期の国家安全保障戦略を定めたわけです。これは、第二次安倍晋三政権が敷いた国家戦略路線を岸田政権が引継ぎ、バージョンアップさせたことを意味します。

しかも今回、岸田政権が画期的だったのが、5年間で43兆円程度の防衛力整備計画を実行すると決めたことです。43兆円は従来の約1・6倍になります。この防衛費増はバイデン米政権の要請に対応したものだと批判する人もいますが、実際には、我が国の安全保障の危機に対応するためのものであり、特にこの10年、急増している自衛隊の業務に対応した予算でもあるのです。

しかもこの43兆円という予算をいかに捻出するのかという点について、与党自民党の中には増税ではなく、「経済成長による税収増などで確保する」という考え方が台頭してきています。43兆円は２０２７年度分までで、その後も継続的に防衛費を増やしていくためにも、経済成長に伴う税収増がどうしても必要なのです。

田北　経済成長と防衛費とが関係があるという視点は、今までほとんど言われてきませんでした。

江崎　経済成長と防衛費の関係を正面から議論する有識者会議が防衛省によって開催されています。２０２４年2月19日に開催された「防衛力の抜本的強化に関する有識者会議」です。その議論のたたき台となった資料が『日本の安全保障政策――安全保障と経済成長の好循環に向けて』（全55ページ、以下『日本の安全保障政策』と略）です。

田北　さまざまなデータが盛り込まれた有益な資料ですね。

江崎　財務省や経済産業省の資料なども使いながら、防衛費を増やし我が国の防衛を強化することが国民経済にとっていかにプラスになることを正面から説明しています。

田北　これまでにない画期的な資料でしょう。

江崎　この資料では、防衛費を我が国の安全を確保するために必要なコストであるだけでなく、投資でもあるという観点から論じているところが興味深いです。

具体的には防衛費を増やし、防衛に関する技術開発と防衛装備品の生産体制を拡充することが、中国やロシアに対する依存を減らすだけでなく、その技術的優位を確保することで同盟国アメリカとも技術面のバーターができると指摘しているのです。我が国しか持っていない技術が他国との交渉材料となるというわけです。

田北　「安全保障で日本経済を活性化させる」という考え方は、タブー視されてきましたし、いまでも否定的な受け止めは少なくないと思います。「国家安保戦略」の最初の方に「わが国の安全保障上の目標」が書かれています。そこには「安全保障政策の遂行を通じて、我が国の経済が成長できる国際環境を主体的に確保する。それにより、我が国の経済成長が我が国を取り巻く安全保障環境の改善を促すという、安全保障と経済成長の好循環を実現する。その際、我が国の経済構造の自律性、技術等の他国に対する優位性、ひいては不可欠性を確保する」とあります。重要な意思表明で、画期的です。防衛省の取り組みはまさにこのフォローアップということです。

江崎　防衛費を増やし、防衛に関する技術開発や防衛装備品の生産体制を強化することで日本経済を活性化させるのは間違いありませんからね。

田北　岸田総理は2024年8月14日に9月実施の自民党総裁選への不出馬を表明しま

した。２０２１年10月の岸田政権発足以来、「安保３文書」は政権最大の功績だと思います。このタイミングを逃すことなく国家安保戦略が策定できたことは本当に良かったと思います。岸田総理にはいろいろと問題はあったとは思いますが、特によしとしたいのは「ＮＳＳ」が中核となってまとめた安保戦略に細かく修正を施さなかったことです。これは評価しています。安保戦略には今から日本がやるべきことが全部書かれているわけです。

江崎　しかも、その安保戦略を実行するために、防衛費を43兆円に増やしました。

田北　それほど抵抗を受けずに増やしましたね。安倍政権だったら国会内外で大変な抵抗にあっていたはずですが、岸田総理だと抵抗はそこまで強くありませんでした。日本を取り巻く安全保障環境がそれほど厳しくなっていること、そしてその認識が政府内で正しく認識されたことが大きいと思います。安保戦略は今後５～10年を見据えた大きな方向性を示したという意味でも、ここまでよくやったなというのが実感です。岸田政権はこの点においてはとても重要な仕事をやったのです。

ＮＳＳ（国家安全保障局）：２０１４年１月に発足。内閣官房に置かれ国家安全保障会議を事務局と

してサポートする。内閣官房の総合調整権限を用い、国家安全保障に関する外交・防衛・経済政策の基本方針・重要事項に関する企画・立案・総合調整を行う。集団的自衛権の容認や敵基地攻撃能力の保有なども主導してきた。

家庭用電気機器よりも大きい防衛産業の規模

江崎　我が国の一般会計予算では、例えば令和4年度一般歳出予算だと金額が多い順に、「社会保障」、「公共事業」、「文教及び科学技術」、そして「防衛」です。防衛費は4番目でした。ところが令和6年度から防衛費は、社会保障に次いで2番目の規模となり、公共事業や文教及び科学技術の予算を上回ることになりました。

そこで資料『日本の安全保障政策』では「防衛省もこれまで以上に経済成長への責任を果たすべきであり、安全保障と経済成長の好循環を実現し、例えば、研究開発への投資やスタートアップ支援を通じた我が国の科学技術の発展、ひいては日本経済の成長といった、国民経済全体への貢献という視点を持って防衛政策を進めていくことが求められている」と述べています。

田北　防衛費の場合も、国民が防衛以外にも何かメリットを受けられると実感できれば増やしていきやすいということでもありますね。

江崎　防衛費の内、防衛産業に関わる物件費は装備品の調達・整備、油の購入、研究開発、施設整備、教育訓練などで２０２３年度は３・４兆円、２０２４年度は３・９兆円となっています。

我が国では自動車産業の規模は56兆円と圧倒的ですが、電子工業が11・４兆円、家庭用電気機器が２・５兆円、造船業が１・４兆円、航空宇宙産業が１・７兆円なので、実は３・９兆円の防衛産業は家庭用電気機器の規模よりも大きい。これは意外であり、びっくりします。

田北　防衛産業の規模が家庭用電気機器よりも大きいなんてことを国民は知りません。

江崎　そうなんですよね。また、防衛産業は車両、艦船、航空機、情報機器、弾火薬、被服、燃料といった多種多様な産業分野を含む複合産業でもあるのです。

しかも防衛費はその８～９割が国内向けの支出となっています。「岸田首相が防衛費を増やしたのは、アメリカの武器を買わされるためだ」みたいな批判をする人もいますが、それはデマであって、防衛力の抜本強化は国内産業に大きく寄与しているのです。

田北　アメリカから武器を買うことだけが防衛費だという理解は間違いなんですね。

江崎　防衛省は『日本の安全保障政策』のなかで、次の5つの観点から防衛費について見解を述べています。

第1に「日本経済が安定的に成長していくためには、自由で平和な国際環境が不可欠であり、その国際環境を守るためにも防衛力が必要」。日本共産党のような「防衛か福祉か」という二項対立の議論への反論でもあります。

第2に「防衛力を強化するためには、日本経済の安定的な成長が重要であり、日本経済の実態を無視して防衛費を増やすわけにはいかない」。

第3に「ロシアによるウクライナ戦争、中国の軍事的台頭と経済的威圧によって自由貿易が損なわれつつあるため、自由主義陣営内部でグローバルなサプライチェーンの再構築が欠かせず、国内に産業拠点を回帰させるといった措置も必要になってきている」。

ロシアや中国から原材料や部品などを輸入できなくなることを想定して、予め国内の防衛産業などに対して発注額（防衛費）を増やして、国内での防衛装備品の生産体制を強化することが必要だと主張しているわけです。台湾有事に際して中国から防衛装備品の原材料や部品を買うことができるはずがないですからね。

田北　経済安全保障の考えがしっかり反映されていますね。

江崎　第4に「防衛予算の増加は国内の経済成長に資するものでないと継続できない」。第5に「今後の防衛力の抜本的強化は国内産業に寄与し、防衛生産・技術基盤の維持・強化は経済成長の観点からも重要である」。この点では、防衛関係費の8～9割が国内向け支出というのが追い風になっています。

以上のように防衛省は経済成長のことも、きちんと考えるようになったのです。

田北　もともと防衛費を確保するには経済が成長しなければいけなかったわけです。それで安倍政権はアベノミクスを通じて経済の規模を大きくし、その上で防衛費を増やしたかったと聞いています。

江崎　経済成長があってこそ防衛費も増やすことができますからね。

田北　ただし安倍さんの時代には防衛費は微増でした。それも当初予算ではなく、補正予算で上積みしたのです。本来なら、ちゃんとした本予算で防衛費を増やしたかったのでしょう。できる範囲でギリギリのことをやったと思いますが。

江崎　第二次安倍政権の間は、思うように経済が立ち直らなかったこともあって補正予算で何とか防衛費を増やしてきたわけですね。

田北　しかし時代は変わってきました。今後は防衛産業が家電よりも大きくなり、ゆくゆくは自動車産業にも迫っていくでしょう。

江崎　確かに我が国で防衛産業と、軍事技術から生まれる新たな産業を自動車産業に並ぶような産業規模にしていくことができればいいし、そこを目指していきたいものです。インターネットがアメリカの軍事技術から派生したことからも分かるように、防衛産業は新たな技術を生み出し、次の時代を牽引する産業を生むことになります。防衛産業、軍事技術への投資が新たな産業、新たな雇用を生み出していくことを期待したいですね。

防衛産業には国内多数の企業が携わっている

江崎　防衛産業のサプライチェーンの規模にふれると、例えばＦ２戦闘機には約１１００社、護衛艦には約８３００社、10式戦車は約１３００社の関連企業が関わって防衛産業は成り立っています。防衛予算を増やすことは、これだけの国内企業にテコ入れすることであり、将来に向けて技術を維持し強化することにもつながる。防衛産業にお金を投じることは本当に大事なことなんです。

田北　そうですね。例えば護衛艦の約８３００社の場合も、大企業が受注すると下請け、孫請けといった関連企業に仕事がどんどんいくわけじゃないですか。１つの会社に多くの企業が関わっていることを考えたら、全体では従事している人間の数も膨大になります。

会社経営者だった私の父親も、「１人の社員にはだいたい家族３人がぶら下がっている」と言っていました。とすると社員１万人の大企業は４万人の生活を支えていることになります。その大企業が受注した仕事が関連企業にも流れていくことを考えると、生活を支えられている人の数は何倍にもなるわけです。

江崎　技術も維持できます。それが自前で防衛装備品をつくれないとなると、アメリカから買うしかなくなる。しかも、言い値で買わざるを得ません。

田北　選択肢がないと価格交渉はできません。

江崎　しかも、いざというときに売ってくれるとは限りません。今回のウクライナがいい例ですよ。ウクライナがほしい武器でも欧米は小出しにしていますからね。

田北　航空自衛隊の主力戦闘機であるＦ15も、アメリカは日本にＦ15の機密データなどを渡していないから、Ｆ15の修理で何か問題があったら、修理のためにアメリカから人が来るのを待ったり、必要なパーツをもらったりしなくてはならないと聞いています。必要な時にメンテナンスができないんですね。

高額の代金を払っておいて、そんなおかしなことはありません。武器も自前でつくるのがいちばんいいに決まっています。

江崎　そもそも我が国には自前でつくれる産業基盤がある。防衛予算が抑えられてきて発注が少なかったことからコマツなど、防衛産業から撤退している日本企業もあるけれども、まだギリギリのところで踏みとどまっている日本企業も少なくない。

そうした中で岸田政権は防衛産業への予算を増やし、国内の雇用と技術を守るという反転攻勢を仕かけたんですよ。

田北　それは経済界も大歓迎となるのでは。

江崎　大歓迎だし、国が安全保障に力を入れると言うなら、国の期待に応えたいと思う日本企業は少なくない。実際、三菱重工業やＩＨＩは防衛事業の人員を増員するという方針を打ち出しています。

田北　しかも防衛産業の恩恵は企業だけではなく、建設業、電気関係、サービス業など本当にありとあらゆる産業に波及していくでしょう。

江崎　防衛産業の裾野は本当に広いですからね。

田北　日本の場合、台湾有事を想定すると、とりあえず習近平の間は脅威のレベルは高まり続けるでしょうから、防衛力強化への投資は終わらせてはいけません。

企業の受注にもう表れている防衛費増の大きな効果

田北　防衛産業の規模の大きさからも、安全保障を自衛隊だけではなく国民全体の問題として考えなければなりません。安全保障は自衛隊関係者だけではなく一般国民や経済界とも深い関係があります。

江崎　国が防衛費を5年間43兆円にするという方針を打ち出してから、実際、民間企業への発注がすごい勢いで増えているために防衛産業を担う大手企業では2024年の春闘で軒並みベア（基本給の水準）が1万8000円から2万5000円アップになりました。

近年、防衛産業関係から呼ばれて講演をすることが増えたんですが、彼らが聞きたいのは国の方針をどう見たらいいのかということです。つまり2027年度までの5年間は43

兆円で行くとしても、２０２８年度以降はどうなるか。今後も防衛費は増えていくのか、それともダウンするのかで、企業としての新規の設備投資、新規のエンジニアの雇用をどうするのか、が変わってくるからです。

田北　安保３文書の安保戦略、防衛戦略、整備計画のどれにも、「おおむね10年の期間を念頭」と書いてあります。だから防衛力強化では10年が想定されているはずです。ちなみに、中国の台湾侵攻は２０２７年とも言われていますし――。

それで江崎さんは講演では、どのように答えているのですか。

江崎　まず「２０２８年度以降の５年間で防衛費を50兆円単位で積めるようにするためにも、防衛省は、国民を説得する理論武装を行う有識者会議を開いている」という話をして、この『日本の安全保障政策』の資料の話をします。普通の人や企業はなかなか、そこまでたどり着かないんです。

この話をすると、だいたい企業の人から「よほどのことがない限り、２０２８年度以降も５年間で50兆円規模の予算を積むという方向で考えて間違いないですか」という質問を受けます。そこで「間違いないと思います」と答えています。

田北　２０２４度の防衛費と安全保障に関連する経費は総額８・９兆円でした。８・９

兆円を下回らない額が2028年度予算の発射台になるわけです。すると、少なくとも2028～32年度の5年間をかけると44・5兆円は確実となり、そこにさらに上積みできるかということになるわけですね。大きな予算が続くとみるのが自然ですよね。

江崎　このまま日本経済が成長軌道に乗っていけば、防衛費増加のトーンは変わらないはずです。税収も過去最高を更新していますしね。だから僕は防衛産業の人たちに対してこうも言っています。

「経済と安全保障の好循環ということを国は力説しているので、防衛産業で発注が増えたら、企業側もその利益を貯め込むのではなく、新規雇用、設備投資、賃上げに振り向けて、防衛産業にテコ入れすることが経済成長につながるということを見せてほしい。そういう形でやっていくことが防衛産業を守ることになる。ぜひ賃上げは大盤振る舞いをしてほしい。設備投資も増やす方向性を中長期の経営計画に組み込むようにしてもらいたい」

これで企業の経営陣も理解してくれて、「政府のどの資料を見たらいいのか、よくわかりました」と納得してくれます。各企業は僕個人の意見などどうでもよく、国がどう考えているかを知りたいだけですからね。

田北　国の考えをどう解釈すればいいかを説明するわけですね。

江崎　関連した話をすると、ある与党幹部の政治家から電話がかかってきて、「後援会の幹部から江崎さんの話をぜひ聞きたいと言われたんだよ。講演に来てくれないかな」と頼まれました。それで彼の選挙区に行って、安全保障と防衛産業の話をいろいろしたところ、その選挙区には防衛産業に直に関わっている経営者がたくさんいたわけですよ。

田北　そうだったんですか。

江崎　講演の後に聴衆の人たちと話してよくわかりました。みんな口を揃えて、「江崎さんのおっしゃる通り、防衛費が増えて仕事の発注がものすごい勢いで増えています」などと言うのです。中には「ウチの事業の継承者がいない状況で仕事が急増して困惑しています。だから防衛省に相談して事業を継承していこう、という話もしているんです」と打ち明けてくれた人もいました。

田北　いい流れです。

江崎　この講演会の後、その政治家からまた電話がかかってきて、「江崎さん、ものすごく評判がよかった。もう1回来てほしい」と頼まれました。そのとき、「まさか、防衛産業に関係のある経営者がウチの後援会にこんなにいるとは思わなかったよ。驚いた」とも言っていましたね。

田北　そんなこともあるんですね。

江崎　防衛産業は戦闘機、護衛艦、戦車を合わせただけでも1万社以上の関連企業があって、裾野が広いんですよ。僕もこの講演で改めてそれを実感しましたね。

製造現場には防衛費の拡大の影響がモロに押し寄せているわけですよ。だから、国家安全保障戦略と防衛費43兆円によって防衛産業がいったいどうなっていくのかを知りたい、という企業が増えてきています。

田北　となると、このチャンスをうまくつかめた企業が生き残っていくことになりますね。

江崎　防衛費の波及効果は大きいのですが、その動きを理解している企業と理解していない企業では明暗が出てきます。前者は仕事をどんどん取っているのに対し、後者は相変わらず厳しい経営に苦しんでいる。

僕は企業相手に話をするときには、「我が国の安全保障、安保戦略の重要性をきちんと理解した企業は勝ち組になるし、そうではない企業は、儲けのチャンスを失うんですよ」と言っています。経済界の方々はこれまで我が国の安全保障、防衛についてさほど関心を抱いてこなかったわけですが、果たしてそれでいいのですか、ということです。

軍国主義に走らないためにこそ経済成長が必要

江崎　我が国は防衛費を増やしましたが、それは別に軍国主義に走ろうなんて言っているわけではありません。軍事力で外国の領土を奪って経済的利益を得ようという軍国主義には断固反対です。よって日本政府も自由と民主主義を基調とする国際秩序を守ることが日本の国益であることを繰り返し主張しています。

第二次安倍政権は、「自由で開かれたインド太平洋」という地域戦略を打ち出しましたが、この地域戦略には「自由で開かれた」という修辞が必ずついている点に着目してもらいたい。軍国主義に走ったり、戦争を仕掛けたりすることは、自由で開かれたインド太平洋を守ることにはならないのです。自由で開かれた国際秩序を守るために抑止力を高めることが防衛力の抜本強化の目的だ、ということです。

そして防衛予算を増やし続けるためには、経済成長を続けないといけないし、そのためにも自由で開かれた国際秩序をなんとしても守っていかなければならないのです。戦争になれば貿易も制限されて、経済は無茶苦茶になりますからね。

関連して「国家の安全と平和のためには一定の防衛予算は必要であり、そのためには増税もやむを得ない」みたいな議論をする人もいますが、20年近く経済的停滞に苦しんできた我が国がいま防衛費を賄うために増税をしたら国民はさらに疲弊してしまいます。

田北　２０２８年度の８・９兆円の発射台を維持するには、財源を確定させておくことが必要となります。逆に言えば、財務省は財源さえ確保されれば、８・９兆円プラスにすることに積極的になりますから。

江崎　かつての民主党政権は「コンクリートから人へ」を掲げていましたが、防衛費43兆円を決めた岸田政権ではその逆、改めて防衛力抜本強化の観点から空港や港湾、道路、通信などの基幹インフラ強化の方向へと舵を切りました。

安倍総理は新型コロナ対策を1つのきっかけにして、中国大陸などから日本へと、生産拠点の国内回帰を推進してきました。岸田総理もウクライナ戦争をきっかけにして、国内の防衛産業を強化発展させていくことにしたのです。よって防衛産業への予算を増やしたわけですが、その予算が単年度ではなく、今後10年を見据えつつ、まずは5年単位で組まれた点に注目してほしいです。企業は短期の発注だけだとなかなか設備投資に踏み切ることができない。企業に設備投資、新規雇用に踏み切ってもらうようにするためにも、日本政府としては5年もしくは10年単位で防衛予算を組まないといけないわけです。

田北　1～2年だけの短期の発注では、企業も設備投資や雇用を増やすことはできないでしょう。

江崎　その点、第2次安倍政権前までは、我が国の政権も場当たり的な政治で、中長期の国家戦略がなかった。政治が場当たり的だと、企業も中長期の見通しが立たないので生産ラインを拡大したり新たに人を雇ったりする判断を下せません。

一方、政府が10年単位の国家戦略を打ち出すと、企業も思い切って設備投資や雇用を増やせるのです。まともな国なら当然、以前からそういう企業のロジックをちゃんと理解して国家戦略をつくっていました。我が国は2013年、第二次安倍政権のときに初めて国家安全保障戦略を策定したわけで、こうした仕組みを導入してまだ10年ちょっとしか経っていないので、この感覚を多くの政治家もまだわかっていません。

田北　政界にも昔の古い体質が残っているんですね。

江崎　そうです。しかし防衛費増が経済を活性化させていけば、政治家の意識も変わっていくに違いありません。

施設整備の拡大は地方経済への波及効果が大きい

江崎　防衛力強化は地方経済に対する波及効果も大きいのです。安保3文書の整備計画にある「機動展開能力・国民保護」「持続性・強靭性」という項目では、地方経済の活性化につながるインフラ等の整備が述べられています（図表1参照）。

その中で「ライフラインの多重化」を取り上げると、これは電気、通信、水道をそれぞれ複数のルートで構築するということです。複数あれば1つがやられても他を使って維持できます。例えば電源の場合、バックアップの複数電源のための燃料庫を設けたり設備の構造を強化したりしなければなりません。

田北　投資を渋っていてはできないことです。

江崎　政府は駐屯地・基地整備などを5年間で集中的に行うと言っています。各地の自衛隊を速やかに移動させる機動展開能力、住民を大量に避難、移動させる国民保護、そして持続性・強靭性のために全国の駐屯地基地、空港、港湾など公共インフラを強化するわけです。5年間で集中して強化を実施するために、契約ベースで総額4兆円を投入しま

図表1　施設整備の規模

●駐屯地･基地等の施設の強靱化を防衛力整備計画対象期間（令和5年度～9年度）において集中 して実施するため、施設整備費を大幅に増額し、総額**約4兆円**(契約ベース)を見込んでいる。

●令和4年度の施設整備費は**1,532億円**のところ、令和6年度予算案においては**6,313億円**に増額。

●また、自衛隊の駐屯地等は全国各地に所在しており、施設整備は地方経済にも波及効果がある。

※ 施設整備費の額は契約ベース。
※ 数字は、四捨五入。
※ 施設整備費の増大に伴い様々な者の入札参加が想定されることから、セキュリティクリアランスを検討する必要あり。

【新たな施設整備の一例】

石垣駐屯地

【老朽施設の更新】

横浜駐屯地の女性用隊舎

政府全体の公共事業関係費は平成26年度以降、毎年度6兆円程度で推移

出所：防衛省『日本の安全保障政策』より

す。

田北　自衛隊基地の周辺では建設業の仕事が増えているわけですね。

江崎　そうです。防衛関係のインフラ整備だけで年間6000億に増えるので、九州、沖縄の建設業は大変な人手不足です。九州では、台湾の半導体企業のＴＳＭＣの関連工事もそれに拍車をかけています。

例えば、九州で家具屋の運送をやって月給16万円だった人が、建設業の1人親方になったら日給で3万から4万円もらえるそうです。20日働いただけで80万円近くになります。

田北　それはすごい。4日働けば、ほぼ家具屋の運送の月給と同じですね。

沖縄では建設業の人たちは最近は潤っているとも側聞しますが、「国家安保戦略」には、「総合的な防衛体制の強化」の一環として公共インフラ整備が明記されています。台湾有事などに備えて、政府は「特定利用空港・港湾」を整備しようとしていて、これは沖縄には大変メリットがある。ところが、沖縄県の玉城デニー知事を支持する県政与党などから「攻撃対象になる」といった声があがっているので、玉城知事は慎重なんですよ。いつものことですが、日本は他国を攻撃するために空港や港湾を整備しようとしているわけではありません。中国のような国によって起こる有事の際に、住民退避などを迅速、円滑にやるための備えなんですけど。防衛関係の波及効果は大きいので、来たる総選挙は沖縄の自民党にとって状況は悪くないのでは。とはいえ、沖縄は選挙予想が本当に難しいので断定的なことを言うことは避けておきます。

それに自衛隊の駐屯地ができること自体が、地域の社会と経済を活性化させます。沖縄県の石垣島は、江崎さんもよくご存じの通り、２０２３年３月に石垣駐屯地ができたお陰で人口が８００人以上増えました。子供も増えます。

江崎　石垣島の人口は５万人を突破しましたね。

田北　そうなると島は活気づき、消費が拡大して経済成長するので、新たなビジネスもでてきます。自衛隊というのは、それぞれの地域にすごく貢献しているんです。

月刊『正論』２０２３年２月号でも取り上げたんですが、北海道にオホーツク海に面した遠軽町というところがあって、そこに陸上自衛隊第25普通科連隊が駐屯する遠軽駐屯地があります。１９５０年に遠軽町は街を挙げて自衛隊の前身である警察予備隊を誘致するために、東京のＧＨＱに出向いて要請に行ったのです。

なので北海道の過疎化が進む中でも、遠軽町にはまだ高校があるし近隣地域の住民も利用する遠軽厚生病院もあります。高校にしても、病院の医師や看護師にしても、それぞれ一割は自衛隊員の家族だということです。自衛隊があるから、この地域は存続できているんです。記事で遠軽長の佐々木修一町長は「医療と教育というこの二つがないと、日本の食料安全保障を支える一次産業（農業・酪農畜産業・林業・漁業）を支えることもできない。そして、この二つを支えるのが自衛隊駐屯地なんです。これが地域のみなさんが一番ありがたいと思っていることです」と語っています。自衛隊は地域に大きなメリットをもたらすのです。

輸出の突破口となる次期戦闘機の第三国輸出解禁

江崎　日本政府は第二次安倍政権以降、防衛装備品の海外移転、つまり防衛装備品の海外輸出にも力を入れるようになってきています。

田北　輸出にはこれまでいろいろと規制がありました。

江崎　その規制を緩和したおかげで２０２２年12月、我が国はイギリスとイタリアとの間で次期戦闘機の共同開発で合意しました。さらに岸田政権は２０２４年３月に次期戦闘機の第三国への輸出を解禁する方針を閣議決定しました。

田北　いい話ですね。安倍政権の２０１４年４月に防衛装備移転３原則を見直して、防衛装備品や防衛関連技術の輸出に道を開きました。この時、安倍総理は公明党に妥協して輸出に一定の条件を付けたけれども、岸田政権は次期戦闘機の第三国輸出解禁で輸出の道幅を広げたのです。

このスキームは、①共同生産品で、②完成品で、③殺傷能力があるもの、の第三国輸出を初めて認めたものです。大きな前進です。まだ本件についてだけしか第三国への輸出は認められていませんが、他の武器についても同じことを1～2回繰り返せば、閣議決定なので第三国への輸出は慣例で行われるようになるでしょう。その意味で本件は突破口になり得ると思います。

江崎　必ず大きな突破口になりますよ。

田北　このようなテーマに関わるのですが、日本の防衛産業の輸出に対する取り組み方を、月刊『正論』２０２４年６月号に掲載した元装備庁長官の深山延暁さんと三菱電機の海外部門担当役員の洗井昌彦さんの対談で紹介しています。タイトルは「海外展開してわかる日本の技術への期待」です。

深山さんは対談で装備移転についてこう語っています。

「装備移転は日本がより望ましい国際環境をつくり出すツールにもなる。例えばアジアで日本製の装備品を持ち、自国の安全を守れる国が増えれば、我が国にとってより安全な、東アジアの国際環境をつくる上でプラスになると思います。同志国・同盟国と連携を深め、同じ価値観に立つ国とさらに安全保障協力もしていきたいときに、日本から最新のものを提供できますよということで、その国を助け、もちろんビジネスにもなる。国際関係の改善という観点でも意義は大きいと思っています」

江崎　いい話ですね。

田北　この対談は、「どの日本企業でもいいから、防衛産業に関わる会社に、装備移転に関して話を聞きたい」という私の問題意識から企画しました。しかし企業の関係で対談に出てくれる人が見つからなかった。防衛産業の人々は、表に出ると左翼から叩かれるだろうから仕方がないとは思いました。

そんな中、人を介して、すでにＮＨＫ、朝日新聞、ＴＢＳに出演していた三菱電機の洗井さんにオファーしたところ、快く対談を引き受けてもらえたんです。

江崎　我が国の防衛産業の人たちも、ようやく表に出られるようになってきました。

田北　そうなんです。三菱電機は２０２０年８月にまずフィリピン空軍との間で警戒管制レーダーの納入契約を結びました。三菱電機が最初に納入したのが2023年10月で、合意に基づいて今後4基の警戒管制レーダーを納入することになっています。尚、この案件は日本政府が、インフラ整備などを通じて日本や地域の平和と安定につながる環境を作り出すために軍などに対しても支援できることを可能にした「政府安全保障能力強化支援（OSA）」の第一号です。無償の資金協力です。

この案件について、東京新聞が2024年3月に「日本共産党系の消費者団体や市民団体が次期戦闘機の共同開発に参加している三菱重工業と三菱電機の製品の不買運動などを呼びかけた」と報じました。

私は対談で洗井さんに、こうした動きがある中で、防衛産業に従事することについて、社内にはどういう意見があるのかを聞いたところ、答えはこうでした。

「いろいろな考え方があることは承知していますが、僕らは自分たちのやっていることを正確に発信していくことが重要だと考えています。それだけちゃんと社内で議論して、日本の安全保障のために正しいことをやっているとみんな思っているのでぶれることはないです。防衛事業に関する議論をきっかけに、会社の中はオープンな感じになってきていると思います。あまりオープンにしなかったときに比べて、今こういうのをやっていますよと公に言うことによって社内もよいほうに変わってきている気はしますね」

江崎　防衛事業に携わっていることにむしろ自信を持っておられる。

田北　でも洗井さんは「自分たちのやっていることは正しいから受け入れろ」とは言わないで、異論に対して私たちはこういうことをやっていると、説明するほうを優先するわけです。また、防衛産業に関わっている人たちに対して「死の商人」などという心ない言葉が浴びせられることへの反論の意味もあるのだと思います。

江崎　国を守るためには武器や防衛装備が必要なのに、それらを提供したら「死の商人」というレッテルを貼られるのは理不尽ですよ。

田北　まったくです。洗井さんには、「警戒管制レーダーをフィリピンに提供したことで三菱電機は中国でビジネスがやりにくくなったということはないのか」とも質問しました。

これには「そのような話は聞こえてきてはいません。ステークホルダー（利害関係者）の皆さんに正確に情報を発信するようにしていこうという広報のあり方を社内で話し合ったときに、『防衛はどうするか』『中国をどう考えるか』という議論はありました。ただ、それは中国の局所的なビジネスへの影響を考えるよりも、正確に今やっている事業の情報を発信していったほうが企業としては正しいやり方ですよね。防衛事業に取り組んでいることを隠すのではなくて、防衛事業をやっているという事実があるんだったら、それを素直にちゃんと発信し、みなさんに正確に理解していただくほうが企業としては誠実なあり方だよね、という議論で今に至っています」という回答でした。

江崎　中国については今後、自由主義陣営内部でのグローバルなサプライチェーンの再構築という観点から、いろいろな議論が出てくるでしょう。

田北　確かに日本の防衛産業にとっては中国をどうとらえるかが大きな課題になってくるのは間違いありません。

政府の応援があれば防衛産業も自信が持てる

田北　自衛官の子供たちは肩身の狭い思いをしているといった話をよく聞いてきました。さきほど紹介した三菱電機の洗井さんとのやりとりを通じて、実は防衛産業に従事する人たちの事情も同じなんだということを知りました。

防衛産業で働いている人も、自分の子供が「おまえのお父さんは死の商人だろ」といったような心ないことを言われかねない。親としては非常に心苦しい。だから洗井さんにしても、父親はこんなにちゃんとした仕事をしていると自分の子供にも理解してもらいたい。その思いは対談後に洗井さんから直接聞きました。

対談を載せた月刊『正論』を洗井さんに送ったところ、子供さんも読んでくれたようです。対談で自分の仕事の中身が子供に伝わって、お父さんもうれしかったようです。

自衛官や防衛産業に従事する人が辛い思いをするのは、世の中が防衛産業というものを遠くへと追いやろうとしてきたからでしょう。

江崎　企業はメディアから叩かれると株主総会で追及されてしまいます。防衛産業の企業に対しても「戦争に加担するのか」とか言いがかりをつける株主が一定数いるわけです。株主が騒ぐとメディアからも叩かれる。

以前は、「国は防衛産業のことをどう考えているのか」「国の防衛の方針が曖昧なままでは見通しが立てにくい」ということで、防衛産業も右往左往していたのは否定できません。防衛産業から撤退する企業も次々に出てきました。

しかし安倍政権が防衛産業へのテコ入れを強めていき、岸田政権が防衛予算を大幅に増やすという方針を打ち出しました。つまり防衛産業は平和と安定を守るために大事な産業であるということを、国が正面から言うようになりました。企業も「国が言っていることに我々も応えてやっているんです」と話せるようになったのです。

田北　それまで話せなかったというのもおかしなことですね。

江崎　関西では定期的に経済界幹部と意見交換をしているんですが、6年ぐらい前だったか、防衛装備品もつくっているダイキン工業の人から「国がいつまで経っても防衛産業の重要性を言ってくれないのは寂しい」と聞かされました。ダイキン工業は1924年、大阪砲兵工廠の元工場長が起業した会社で、もともと砲弾を中心とした軍需品を製造していたんです。

田北　知りませんでした。

江崎　ダイキンの空調機器は1938年、日本海軍の潜水艦向けに空調設備を納入したところから始まっています。潜水艦では空調を維持しないと兵士は生きていけません。その技術者たちが戦後、エアコンを手がけるようになったのですが、軍需会社であったことがダイキンのベースなので、現在の社員たちにも国策企業だという自負心があるのです。

ダイキンにとって今のところは、防衛関連の仕事の売上げは全体では微々たるものなのだけれども、私が会ったダイキンの方は「原点を忘れないためにも一生懸命自分たちはテコ入れしているんです」と言っていました。それが岸田政権になって正面から防衛産業は重要だと宣言し、大幅に予算を増やしたのです。

田北　防衛産業に携わる企業の現場としては嬉しい話ですよね。政府の方針1つで現場が喜ぶことなんて、そうないと思います。

もちろん日本の安全保障には課題はまだたくさんあります。でも、とりあえず大枠としては進まなければいけない方向に走り出しているという理解は必要です。

江崎　第二次安倍政権前までは、防衛産業を白眼視しているところがありました。日本の防衛産業をめぐる現状にはいまも課題が山ほどありますが、それでも日本政府として防衛産業重視の中長期国家戦略を策定、実行するようになったことにもっと注目してほしいものです。日本の防衛産業が衰退したら、それこそアメリカから言い値で防衛装備品を買わなければならなくなってしまうわけで、そうした危機を回避しようとした岸田政権はそれなりに評価されるべきだと思いますよ。

力量ある防衛大臣に丸投げするのは大事

江崎　この防衛産業の問題に関しては、資料『日本の安全保障政策』の最後のところに防衛生産・技術基盤強化に関する法整備も挙げられています。

すなわち、防衛産業をテコ入れするため、日本政府は近年、さまざまな政策、法整備を整えてきました。資金の貸付けもしていくし、後継者がいない企業については国がその設備を買い取って他の経営者に安く貸し出す。それと同時に防衛産業に関する情報、技術も守っていく。高市早苗大臣が手掛けたセキュリティ・クリアランス（機密情報へのアクセスを一部の政府職員や民間の研究者・技術者に限定する仕組み）もその一環です。

岸田政権は法制度も含めて我が国の防衛産業をどう守っていくのかに対して、本腰入れて取り組んできました。

田北　私もそれを知って、そこまで国はやっていたのかと、少し驚くと同時に感心しました。

江崎　岸田政権は、防衛についてはやるべきことを相当丁寧にやっていました。

田北　やっていましたね。時間が経てば岸田政権の功績はもっと評価されるのではないでしょうか。

安全保障に明るくない総理の場合、防衛大臣に「ちょっと待て」と言うか、完全にまかせてしまうかのどっちかでしょう。岸田総理は後者だったのではないでしょうか。
岸田政権の最初の防衛大臣は岸信夫さんでした。2人目の防衛大臣である浜田靖一さんは二度目の防衛大臣ということもあり、防衛力の強化を進めました。3人目としてバトンを引き継いだ木原稔さんも頼りになりました。防衛省は大臣に恵まれない時期もありましたが、最近はいいサイクルに入ったと思いますね。

江崎　安保文書の作成なども手掛けた安全保障のプロである木原稔さんを防衛大臣に据えたことも岸田総理のグッジョブでした。

田北　私もそう思います。安倍さんだったら自分は防衛分野に明るいし、思いも強いから、木原さんを防衛大臣にはしなかったのではないかと思います。岸田さんは自分がそこまで安全保障分野に明るくないので、木原さんを起用したのではないでしょうか。安全保障分野をよく理解している木原さんは着実に防衛力強化を前に進めました。人間的にも穏やかで、けっして怒鳴ったりしないそうです。

江崎　わざと官僚を叱って国民受けするパフォーマンスをする大臣もいます。しかし木原さんのように粛々と確実に我が国の国防を前進させていく手堅い手腕が大事なのです。

財務省は防衛費の大幅増に反対しなかった

田北　ところで、今回の「大幅に防衛費を増やす」という岸田総理の大方針に対して、財務省は邪魔しませんでしたね。岸田さんはすごく頑固ですから、その頑固さがいい意味で出たのかもしれませんね。

聞くところによると、財務省も岸田総理が腹を固めた段階で防衛費増を止めるのを諦めたという話です。総理がそこまで言うのならと、財務省としてもむしろそれで何ができるかを考えたのでしょう。

江崎　別の見方をすると、中国による「台湾・尖閣」危機と、北朝鮮による核・ミサイル開発という現実的な軍事的脅威に直面しているなかで、防衛費増に反対をし続けて防衛力の抜本強化を図らないまま仮に我が国が戦争に巻き込まれたとき、財務省は責任を取れるのかと言われたら、とても責任は取れませんから。

田北　しかも2022年2月24日にロシアがウクライナを侵略してすぐに、岸田総理は「ウクライナを支援する」としてアメリカなどと完全に歩調を合わせることを表明しました。そうである以上、財務省も「防衛費は前年度並みでお願いします」なんて言えるはずがありません。

ロシアが「やるとなったらやる」ということをまざまざと見ておきながら、中国が同じことをやらないとは言えない。安倍さんが２０２１年12月に「台湾有事は日本有事」と述べたとき、岸田さんにはそれほど響かなかったかもしれません。でも、プーチンのような独裁的な指導者は戦争をやると決めたら、やはりやるんですよ。習近平もしかりです。

江崎　僕もこんな話を聞いています。２０２２年７月初めの段階で「防衛費をＧＤＰの２％」、つまり倍増するという話が出たとき、財務省の一部が反対のために与党の政治家への根回しを始めた。すると、岸田総理の最側近である木原誠二さんが財務省の担当者を呼び出して、防衛予算増に反対すべきではないと強く抗議したというのです。

田北　なるほど。

江崎　一方、岸田総理も「財務省の味方である自分に反対するのか」と財務省に言ったと仄聞しました。つまり「防衛費を増やすのを邪魔して、財務省の味方である、わが政権を潰してもいいのか」と。

田北　そこまで言ったんですか。

江崎　財務省としては、財務省に冷たい人間が総理になるのは確かに辛い。そこで財務省は、防衛費を大幅に増やす代わりに、「せめて防衛増税をある程度飲んでください」と要望したと聞いています。増税額は1兆円ほどで、順調に経済成長を続けていけば不要な増税なんですが、財務省としては増税なき防衛予算倍増はなんとしても避けたかったということなんでしょうね。

田北　たぶん岸田総理は、財務省の顔をそれなりに立てたんでしょう。それは否定しませんが、防衛増税については安保3文書を閣議決定した直後の記者会見でぶちあげました。発信するタイミングとして適切だったのかは疑問です。

戦争による莫大な被害を避けるための投資

田北　ここまで、防衛費は投資だという話をしてきました。しかし戦争はコストがかかることなので、それとの比較で防衛費を考えることも大事だと思います。戦争が起こると、さまざまな点で非常に大きな被害が予想される。その際の多大なコストを背負わないためにもしかるべき額を抑止力の強化として防衛費にかけるのは当然ですよ。

江崎　それで『日本の安全保障政策』という資料では、ロシアに軍事侵攻されたウクライナの２年間の被害を具体的な数字を挙げて説明しています。すなわち、２年間でウクライナ軍の死者が約７万人、ウクライナ市民の死者が約１万人、国外避難民が約６２０万人、家を失った人は５１０万人、インフラ損失額が約22兆円となりました。

田北　ウクライナの人口は日本の３分の１なので、ウクライナの被害は日本に換算すると3倍になりますね。

江崎　単純計算すると、わずか２年間で約21万人の自衛隊員が戦死したことになります。

田北　陸上戦での数字とはいえ衝撃的ですね、自衛隊の隊員数は今は23万人ほどなので。

江崎　ウクライナ戦争のような局地戦であっても、他国から軍事攻撃を受けたら自衛隊は2年間で壊滅するというわけです。しかも単純に3倍にすると国外避難民は１８００万人、家を喪失する人も１５００万人に達するのです。

経済的ダメージも深刻で、ウクライナの軍事費は前年比６４０％増で、倍増なんていう話ではありません。戦争になれば、防衛予算は6倍以上もかかる。一方、GDPはマイナス30%になりました。多くの働き手が軍人となって戦地に行き、あるいは国外に避難したわけですから、国民経済も大幅に低下してしまう。戦時下では十分に働けないのだから、GDPがガクンと落ちるのは当然です。

田北　振り返ると、ロシアによるウクライナ侵略が起こった時点では、誰もこんな形の戦争になるとは想定していませんでした。つまり、ウクライナ戦争が起こる前まで、軍事専門家も含めて多くの人は「20世紀型の戦争は終わった」と言っていたのです。

江崎　テロリストたちに対する「テロとの戦い」が主流となり、軍隊と軍隊による戦争、つまり塹壕戦や通常兵器による消耗戦は起こらないだろうということでした。それが実際には、通常兵器で戦うし、武器・弾薬、燃料を大量に使う消耗戦にもなって20世紀型の戦争が続いています。

それでもウクライナは、アメリカを中心とした自由主義陣営の軍事的経済的支援を受けてなんとか耐えていますが、では我が国は耐えられるのか。

田北　いや現状では厳しいでしょう。ドローンの活躍を見ても、日本は全くの後進国です。

ウクライナだと他人事であっても、同じ規模の戦争が日本で起こったと想定してみると、戦争の被害にリアリティが出てきます。何としても戦争を抑止しなければなりません。

平時に蓄えた余力が戦時の継戦能力を培う

江崎　戦争の抑止に失敗して他国から侵略を受ければ、人的被害だけでなく国家の財政負担も強まり経済活動も非常に大きなダメージを受ける。だからこそ防衛省は「戦争による被害を避けるためには防衛費を増やすことが必要だ」という意見を言い始めました。

田北　それはもっと早くから言うべきだったかもしれません。というか、言っていた人はいましたが、さすがに防衛省が言うことは政治的にできませんでした。

江崎　台湾有事の懸念が大きくなってウクライナ戦争も始まったから、防衛省もようやく言えるようになった。

田北　安全保障にお金を投じるのを仮にコストと見たとしても、自国の抑止力を投資で高めて防衛するほうが、戦争とその後の復興に巨額のコストを担わなくて済むことになります。単純な話です。

江崎　その単純な話を防衛省が正面から言い始めたことが画期的なのです。今まで言わなかったというよりも言えませんでした。我が国では長年、防衛費は軍国主義の予算のような形でとらえられてしまい、防衛費を増やすことをみんなが白眼視していたからです。

しかし我が国でも沖縄・南西諸島と九州が局地戦に巻き込まれたら、その被害はウクライナ戦争の比ではないと思います。何度も言うように、防衛費がたとえコストであったとしても、戦争の抑止に失敗した場合のことを考えれば安いものなんですね。

田北　それでも万が一戦争になったとしたら、日本もウクライナと同じように疲弊します。

江崎　当然です。それに戦争の前から備えておけば、被害の度合いを小さくすることはできます。

加えて、戦争になって大きな被害を受けたとしても、国民の側はなんとか食いつないでいけるようにしておかないといけない。そのためには国民の側にも経済的余力がないといけません。余力とはそれなりの蓄えであり、蓄えなくして戦争には耐えられません。戦争になれば、政府は国民の福祉に気をかける余力はなくなりますからね。

継戦能力と言うと、武器・弾薬のことばかりに目が行くのですが、国民の側の継戦能力としては平時にこそ可処分所得を増やして余力を蓄えておくことが非常に大事なのです。いくら国防のためとはいえ、平時から増税で国民を搾取するようなことをしたら北朝鮮みたいになってしまいます。

田北　本当ですよね。北朝鮮ではミサイル開発を優先し、国民は飢えています。

江崎　だから北朝鮮は継戦能力が全くなく、おそらく通常型の戦争を仕掛ける力もほとんどないと思いますよ。

安定的な経済成長があってこその安全保障なのです。国民がある程度、豊かであってこそ防衛予算も継続的に出すことができるし、継戦能力も維持できるのです。

第2章

第2次安倍政権が創り出した国家安保戦略

外交と防衛が密接に関わると明記された国家安保戦略

江崎　我が国は今、「3つの戦線」と「2つの脅威」という戦後最悪の戦略環境に直面しています。3つの戦線とは「南の中国」「西の北朝鮮」「北のロシア」で、中国、北朝鮮、ロシアは力による現状変更を辞さない国です。そして核兵器も持っています。この脅威に対して我が国は、自国の防衛力を抜本強化すると共に、アメリカをはじめとする同盟国、同志国との防衛協力を強化しています。

2つの脅威とは「国内の破壊工作」と「首都直下型地震を含む大規模自然災害」です。国内の破壊工作では、例えば新幹線の線路を1つ爆破されただけで我が国の経済が一定期間麻痺してしまいます。

この3つの戦線と2つの脅威は同時に来るかもしれません。それらにどう立ち向かったらいいのかが、我が国が置かれている最大の課題です。

田北　そうした中で出されたのが「安保3文書」だと言えますね。

江崎　安保3文書は、先に述べたように、我が国の防衛力の抜本的強化計画です。防衛省作成の資料『なぜ、いま防衛力の抜本的強化が必要なのか』（全26ページ）では「はじめに」で「外交には裏付けとなる防衛力が必要です」とさらっと書いてあります。実はこれは戦後ずっと否定されてきた考え方なのです。

戦後の日本は、軍事を否定して外交だけで日本を守っていくとしてきました。しかし、国際社会のいずれの国も、外交と軍事の両方を使って自国の平和と安全を守ろうとしているわけですし、ある意味、軍事の裏付けがない外交など通用しないですからね。

田北　そうなんですよね。

江崎　しかしこれまでは、軍事には踏み込まず、あたかも外交だけで平和と安全が守れるかのように振舞ってきたわけです。軍事と外交は対立するかのような極論もまかり通ってきました。それが第2次安倍政権になってからようやく外交と軍事が連動するようになり、2021年10月に岸田政権が発足し、安保3文書が閣議決定されてようやく「外交には裏付けとなる防衛力が必要です」と、正面から言えるようになったわけです。

田北　安倍総理は、安全保障については匍匐前進ではあるけど、行動を見てもらえればわかると考えていたのではないかと思います。岸田政権では安保3文書の国家安保戦略に「我が国はまず、我が国に望ましい安全保障環境を能動的に創出するための力強い外交を展開する。そして、自分の国は自分で守り抜ける防衛力を持つことは、そのような外交の地歩を固めるものとなる」とはっきり書いてあります。
今まで政府が言えなかったことなんです。「外交と防衛が密接に関わります」と国家安保戦略に書き、それを岸田総理も普通に言うようになりました。
江崎　戦後、ずっと我が国の安全保障政策の中でできなかったことを正面から言うようになった。すごいことなんです。
田北　特に江崎さんのように長年、日本の外交と防衛を見てきた方にとっては感慨深いでしょう。
江崎　やっとこういう時代が来ました。民主党政権の2010年4月に平沼赳夫先生、与謝野馨先生、園田博之先生、石原慎太郎先生などが発起人となって「たちあがれ日本」という保守系の政党を創設しました。平沼先生と与謝野先生が共同代表になりました。
私は当時、その事務局を担当していたんですが、党の基本政策をつくるときに平沼先生が「自分の国は自分で守る」と言ったら、園田先生たちが「平沼さん、そんな右翼みたいなことを言うのはやめよう」と反対したんです。
田北　当たり前のことを言っても、そのときは「右翼」にされてしまった。

江崎　初代総務大臣を務めた片山虎之助先生も「自分の国は自分で守るみたいなことは言い過ぎだ。我が国は日米同盟が根幹なのだから、そんなことを言ったら、アメリカから睨まれてしまう。アメリカを敵に回したら日本はやっていけないのだから、自分の国は自分で守るなんて言わないほうがいい」と主張したんですよ。

田北　えー、驚きました。そんなことを言ってたんですか。

江崎　２０１０年の話です。保守派の政治家の中でさえ「自分の国は自分で守る」と言ってはいけないというのが、わずか14年前の空気でした。

田北　常識が変わることに拍車をかけたのは、やはり２０２２年2月24日のロシアによるウクライナ侵略でしょう。私自身、当時は、ウクライナ侵略が世界を変えたという事態の深刻さをきちんと認識できていませんでしたが、その後、あれは相当な大転換だったことを認識しました。月刊『正論』の編集長でしたが、雑誌をつくるうえでもあの日が結果的にターニングポイントになったと思います。

私たちはそれまでも、アメリカの国力の衰退をいろんな場面で見てきました。だから「自分の国を自分で守る」ことを実行に移さねばならなかったのです。でも、なかなか動かなかった。しかし、ロシアの侵略によって、中国の姿勢にもちょっとスイッチが入ったところもあるし、結局、アメリカはもうそれほど頼りにはならないということが自明となった。そしてようやく、日本の安全保障戦略が動き出すのです。

江崎　岸田総理はウクライナ戦争のときに「力による現状変更はダメだ」と言って躊躇なく自由主義陣営の一員として動きました。これも今はみんな当たり前と思っていますが、実は画期的なことなんです。

国家戦略も安保戦略も仮想敵国もなかった戦後の日本

江崎　戦後の長い間、我が国はどこの国が脅威なのかを明確に定めてきませんでした。冷戦時代には一応、ソ連が仮想敵国だったし、自衛隊も北の備えに尽力してきたけれども、ソ連が崩壊した後、仮想敵国という概念もすっかり語られなくなってしまった。

１９７６年に策定された三木武夫政権の「防衛計画の大綱」（51大綱）では、基盤的防衛力整備として我が国を取り巻く脅威と関係なくＧＤＰ１％の防衛費で防衛力整備をする、ということになりました。この基盤的防衛力整備構想には、脅威に備えるという戦略的発想が希薄でした。脅威に備えて日本はどの程度の防衛力を整備するのかという発想ではなく、GDP1%の枠内で防衛力整備をするということを国是にしてしまったのです。

それで1976年以降、脅威という概念が政府の公文書からだんだんと消えていき、仮想敵国も想定してはいけないことになった。実は戦後、我が国の安全保障を担当した政治家や自衛隊の多くが戦中派で、現行憲法になんと書いてあろうと、脅威に備えることが軍事、安全保障だとわかっていた。

ところが戦後教育を受けた世代が台頭し、現行憲法に書いている「戦力を放棄しても日本を守ることができる」みたいな空想を日本の国策にしてしまったのがこの1976年ころだったというわけです。したがって、これ以降、中国やロシア、北朝鮮の脅威についてきちんと研究する人が防衛庁（当時）や外務省からどんどん減っていくのです。

田北　脅威に備えないのだから、脅威になるような国が存在しないことになりますね。

江崎　しかも当時の自民党の大勢は親中派なので、外務省の大半も親中派官僚だし、自衛隊も陰でこそこそ中国の脅威に関する研究をせざるを得なかった。

防衛省のシンクタンクである防衛研究所が中国人民解放軍に関する分析レポート（『中国安全保障レポート』）を出すようになったのはなんと2010年、民主党政権になってからです。これは当時、民主党政権を担った政治家の中に、自民党とは違った安全保障政策を打ち出そうという動きがあったからです。

田北　関連して言うと、月刊『正論』では「産経新聞の軌跡」という産経の社説を昭和20年代から振り返る連載を掲載しています。産経新聞論説委員などを務めながら、産経新聞の社説を検証し続けてきた河村直哉さんの労作です。２０２４年７月号から昭和40年代編が始まるのですが、何と産経も日中国交樹立に賛成だったことが紹介されていて驚きました。中国の北京で日中国交樹立に関する共同声明が調印されたのは１９７２年９月29日でした。

江崎　産経は対ソ連の観点から日中国交樹立に賛成したのですか？

田北　必ずしもそうではなかったようです。詳細な部分は今後の連載で報告されるのですが、あのときの国内の雰囲気は日中国交樹立を高く評価していました。河村さんは「昭和40年代は産経でも軸がぶれまくっていた」と書いています。本来なら、産経新聞は日中国交樹立は慎重であれという主張をしなければいけなかったのです。

１９７３年７月には自民党では派閥横断的に衆参の31人の若手国会議員からなる保守政策集団の「青嵐会」が結成されました。ここは、日中国交樹立に伴う台湾（中華民国）との断交に絶対反対の姿勢を打ち出したのですが、どうにも力不足でした。

それを見ても、やはり国家戦略という軸がないと国の外交が世の中の雰囲気に無節操に引きずられかねません。

江崎　他のほとんどの国には中長期の国家安保戦略があって、複雑な国際社会の中で我が国はこういう対外戦略で行くという政治的合意を形成しています。また、国家安全保障戦略を議論することを通じて戦略的発想ができる政治家や官僚を一定数育てている。しかし以前の我が国には、そうした政治家、官僚がほとんどいなかった。

サウジアラビア大使やタイ大使を務めた外務省の岡崎久彦さんは『戦略的思考とは何か』という形で国家安保戦略の重要性を理解している方でした。だから岡崎さんは「国家戦略がないと、日本は結局、米中ソの狭間で振り回されて右往左往し、国が疲弊してしまう」と警鐘を鳴らしていました。こうした岡崎さんたちの意向を受けて、我が国でも国家戦略をつくらないといけないという議論が起こって、それが東西冷戦終結後の１９９０年代後半ぐらいからずっと続いたわけです。

自国の命運は自国で決めるという発想がなかった

田北　日本では国家戦略をつくるべきだという議論はその後も続いていたんですよね？

江崎　町村信孝先生、平沼赳夫先生、石原慎太郎先生らがそうした議論をしてきましたが、自民党の大勢は軍事面でアメリカに頼っている以上、「アメリカに付いていけばいい」という姿勢を続けていました。当時の政治においては中長期の10年、15年単位で外交や安全保障を考えるなどという空気はほとんどなかったのです。

それに対して、「アメリカだけじゃダメだ。米中との等距離外交で行こう」というのが野党でした。「アメリカに付いていけばいい」というのも、「等距離外交」というわけのわからない言葉も、どちらにも自分の国の命運は自分で決めるという発想がないわけです。だから我が国の政治家は「日本の外交、防衛はどうするんだ」と聞かれたときに、「いや、どうするも何も憲法には戦争放棄と書いてあって……」としか答えられませんでした。

田北　結局、そこで答えを出し続けたのが外務官僚だったわけでしょう。一方、そのときは今ほど自衛隊も防衛省の前身の防衛庁も霞が関的にも社会的にもステータスが高くなく、国家の安全を守る一翼として認知されていなかった。なので結局、外交ばかりが先んじて、いろんな場面で外務省がつくった方針を総理官邸が受け取って、総理がそれを読み上げて日本の方針にしていたようなところがあったと思います。

江崎　当時の外務省の方針は、パンダハガー（親中派）の巣窟だったアメリカ国務省の影響を受けています。だから我が国の外務省が親中派だという言い方は正確ではなくて、外務省はパンダハガーのアメリカ国務省派と言ったほうがいい。ニクソン訪中以来、アメリカ国務省は米中結託路線だったので、そこにべったりの外務省も当然、同じ路線になります。

田北　２００９年に自民党から政権をとった民主党政権はアメリカとの関係をおかしくしてしまいました。

江崎　民主党政権時の「東アジア共同体」構想、つまりアメリカと中国とは等距離で付き合おうという話になって、明確な国家戦略もないままに在日米軍は減らせということを言い出して、日米関係がぐちゃぐちゃになりました。さらに２０１３年、オバマ大統領の「アメリカは世界の警察官ではない」という発言が出て、中国による南シナ海の侵略が進行してきた。そこで「真面目に自分たちも国家戦略をつくらないと日本の安全が脅かされる」となったのが、民主党政権から第２次安倍政権への大転換期なんですよ。

総理が頻繁に変わると国益を守る外交はできない

江崎　第2次安倍政権が発足するまで、我が国では国家戦略がなく、敵のことも己のこともよく知らない状況がずっと続いてきました。

『孫子の兵法』の「敵を知り己を知れば百戦危うからず」は「相手を知り、自分を知れば100回戦っても大丈夫だ」ということです。言い換えれば敵のことも己のことも理解する気がない政治、外交、安全保障の議論は非常に危ういというわけです。

田北　危ういですね。

江崎　実際、日本として初めて国家安全保障戦略を策定した2013年までの我が国には、「脅威認識（どこの国が脅威なのか）」もないし「脅威見積り（その軍事力はどの程度の脅威なのか）」もないから「対処構想（相手の脅威にどう対処するか）」もない。

だから脅威への対応として「所要兵力見積（日本にはどの程度の兵力が必要なのか）」も計算しない。その結果、「現有兵力で戦うための装備」がどの程度必要なのかもわからないし、「重点装備」もなく「中長期に対応した装備」もない。正確に言えば、防衛省・自衛隊の幹部たちが懸命に考えた「買い物リスト」があっただけで、それをどう使って、どのように日本を守るのかという戦略が肝心の日本政府側には希薄だった。

田北　ないないづくしですよ。日本ほどの経済規模、国際社会での地位を考えると、ありえない大きな欠陥ですね。

江崎　我が国は、第2次安倍政権以前は、総理大臣が毎年のように変わっていました。総理大臣が変わるたびに中国政策も韓国政策もアメリカ政策も安全保障政策もコロコロ変わるわけです。そんな状況では外務省、防衛省、自衛隊も腰を落ち着けて我が国の国益を守るための対外政策を遂行できません。

田北　しかし、さすがに日本でも国家戦略がない危うさが意識されるようになってきましたね。

江崎　結局、国家戦略を具体的な形にしたのがまさに第2次安倍政権でした。ようやく中長期の「経営計画」ができたのです。それまでは国策として「自分の国の命運を自分の国で決める」という発想がなかった。それが2013年にようやく「自分の国の命運は自分の国で決める」という発想に立って10年単位の国家安全保障戦略を策定し、官邸に常設の国家戦略協議機関として国家安全保障会議とその事務局である国家安全保障局をつくった。日本はこの２０１３年の前と後では、国の統治機構が全く違う国になったということを認識すべきです。

残念ながら、このような認識が日本のマスコミには薄い。月刊『正論』は安保３文書も含めて「自分の国の命運を自分の国で決める」ことの重要性をずっと指摘してくれていたけれども、大勢としてマスコミはそれに関心がない。ダメな政治家、学者を罵倒し、非難する議論ばかりが目に付く。重箱の隅をつつくような揚げ足取りが論壇の仕事なのかと、呆れることが多くなりました。

田北　関心がないというより、たぶん単純にどこからどう見ていいのかわからなかった、あるいは、どこから手つけていいのかわからなかった、ということに尽きるのではないでしょうか。

江崎　たしかに日本国憲法は１文字も変わっていません。けれども、「自分の国の命運は自分で決める」「自分の国は自分で守る」という国家意思を発動して、その国家意思を具体化した国家安全保障戦略を遂行する官邸主導政治を実現した点にもっと注目してもらいたいですね。

戦後、国家安保戦略がなくても我が国が戦争に巻き込まれなかったのは、我が国が島国で、我が国に攻め込む力を持っている国がそんなになかったこと、21世紀に入ったくらいまではアメリカに圧倒的に力があったこと、そうした僥倖も大きかったと思います。

田北　国家安保戦略ができて、新しく具体的にできるようになったこともいろいろとあるでしょう。

江崎　特筆すべきなのが脅威に対抗するシミュレーションですね。

安保三文書を閣議決定した際の記者会見で岸田総理は「戦後最も厳しく複雑な安全保障環境に対峙していく中で、国民の命を守り抜けるのか、極めて現実的なシミュレーションを行いました」と明言しています。

しかし第2次安倍政権を発足させたときには、政府として有事に関するシミュレーションが十分にできませんでした。敵の脅威分析が不十分なので敵のことがよくわかっていないし、自衛隊も脅威対抗型の防衛力整備をしてこなかったからです。

第2次安倍政権発足当時は「シミュレーションをやれ」と言われても、シミュレーションのやりようがなかった。

我が国が政府としてある程度の有事シミュレーションができるようになるまで、10年かかりました。ようやくとはいえ、僕のように安全保障政策を見てきた者からすれば、シミュレーションを行えるようになったことは非常に感慨深い。

田北　シミュレーションはすでに二十数回やったという話です。

江崎　二十数回くらいでは全然足りないのです。それでも反撃能力、南西地域の防衛体制、宇宙・サイバー・電磁波の新しい領域、継戦能力などを検証することができました。中でも継戦能力については、戦争になると短期決戦では済まず2～3年続くかもしれないので、それを想定した継戦能力を確保しておくべきだという課題が明確になった。

日本がルールをつくる側として世界の国々を牽引する

江崎　1991年の湾岸戦争のときには我が国の外交はブレまくって、「自由主義陣営としてやっていく」こと自体が、「アメリカに巻き込まれるからダメだ」と批判されました。日米安保条約でアメリカに守ってもらう形をとりながら、特定の国、つまりアメリカの味方にはならないと、矛盾したことを恥ずかしげもなく平気で言って、同盟国から小ばかにされてきたわけです。大手マスコミも大半が「アメリカに巻き込まれるな」でしたし。ではいざというとき、アメリカに助けてもらわなくていいのかと言えば、助けてもらいたいと内心思っているわけで、国際政治の苛酷さも同盟の厳しさも全く理解していない幼稚な議論が横行していました。

だから、2001年の9・11同時多発テロの後、当時の小泉純一郎総理が「アメリカに付く」と即座に言ったときは、みんな驚きました。

田北　驚きましたよ。あっさり言ってしまったから。

江崎　「日本には、アメリカと共にやると決断する総理がいるんだ」と僕らはめちゃくちゃ驚いたわけです。

田北　2008年に発足した麻生太郎政権では「価値観外交（民主主義、自由、人権、法の支配、市場経済という普遍的価値を重視する外交）」や「自由と繁栄の弧（ユーラシア大陸の外周に成長してきた新興の民主主義国を帯のようにつないだ地域）」を主張しました。

ところが、2009年に民主党の鳩山由紀夫政権になったら世界戦略も何もなくて、ぼかされてしまいました。

江崎　鳩山「民主党」政権のときには、アメリカとも一線を画して「等距離外交」とか「東アジア共同体構想」などを掲げ、中国、韓国と一緒になって平和を守ると言って、その考え方が朝日新聞を筆頭にメディアでも大手を振るっていたのです。もちろん「日本は自由主義陣営の一員だ」という発想も弱かった。これがわずか十数年前の話だということを忘れてはいけません。

しかし第2次安倍政権になって、「自由で開かれたインド太平洋（FOIP）」など自由主義陣営の一員として同盟関係を結んでいくという世界戦略を掲げて、それにより我が国の同盟国、同志国がどんどん増えてきました。

田北　「クアッド（QUAD）」もその一環ですよね。これは日本、アメリカ、オーストラリア、インドの4ヵ国による協力の枠組みです。QUADは必ずしも軍事目的ではないといわれますが、中国を意識した枠組みであることは明らかです。この構想は2006年に安倍総理が提唱し、自由・民主主義・法の支配などの価値観を同じくする4ヵ国が「自由で開かれたインド太平洋」の実現に向けて協力していくことを目的としています。

安倍総理は価値観外交を鮮明に打ち出し、外務省が「自由で開かれたインド太平洋」としてしっかりと肉付けをしたわけです。

こうして日本の安倍外交は世界に対してはいちばんの重要な外交戦略となり、それが中国の膨張を危惧していた様々な国を、うまく固めていきました。ただ、「中国包囲網」を前面に出すと尻込みする国があるので、反中路線は覆い隠した側面があります。当時、外務省幹部の中には「ルールを守れるのであれば中国も入れる」と言う人もいました。もちろん、中国には無理という前提での発言なのですが。

これだけ多くの国に受け入れられた「自由で開かれたインド太平洋」については、さすがの朝日新聞でさえも一定の評価をせざるを得なかったと思います。国内でも「自由で開かれたインド太平洋」への理解が広がったことから、中国やロシアなどのような法を順守せず、武力で現状変更する独裁国家はやはりおかしいという認識も浸透していったのではないでしょうか。

江崎　浸透してきましたね。この10年で我が国も自由主義陣営の一員として生きていくというコンセンサスができ、右往左往せずに済むようになりました。国家安全保障戦略を策定していなかったら、今でもたぶん我が国は右往左往していたと思います。

田北　改めて言いますが、この十数年で日本の外交と防衛は大きく転換しました。

江崎　国際社会のルールに単に従うのではなく、我が国が国際社会のルールをつくる側になってアメリカも含めた国々を牽引していこう、というのが安倍総理の志でした。

資料「なぜ、いま防衛力……」の最初のところに「国民の命や暮らしを守り抜く上で、まず優先されるべきは、我が国にとって望ましい国際環境をつくるための外交努力です」

と記してあります。これは岸田さんの発言なのですが、まさに「ルールをつくる側に回るぞという我が国のスタンス」を示しているものなのです。我が国はこの大きな志を持って安保戦略をつくって実行しようとしています。では、本当にできているかと言ったら、まだできていないことも多い。そんなに簡単には何でもかんでもできません。

しかし少なくとも「自由で開かれたインド太平洋」に関しては、トランプ政権の大統領副補佐官だったマット・ポッティンジャーがそれをアメリカの安保戦略として採用したわけです。戦後、日本発の世界戦略をアメリカが採用したのは、これが事実上初めてだと思います。

田北　すごい話ですよ。

海外情勢への国民の関心が高まり政治家を変える

江崎　繰り返しますが、我が国の外交と防衛の大転換が起こったのはやはり第2次安倍政権になって国家安全保障戦略という明確な国家戦略を打ち出したからです。それまでは、会社で言うと中長期経営計画がなかったのと同じ状況でした。中長期経営計画がないと、社長は思いつきで「あれをしよう」「これをしよう」などと適当なことを言うしかありません。

田北　経営計画のない会社は早晩、潰れますよ。

江崎　第2次安倍政権のとき、官邸記者クラブに田北さんもいましたね。安保戦略のことが記者の間で話題になっていましたか。

田北　今思うのは、当時は私自身が安全保障の重要性を理解したつもりでしたが、実際はそれほど理解していなかったということです。外交についてはかなり意識していましたが、安全保障のこととなると、防衛省担当にすべて任せていました。安全保障を重視し強化するという安倍総理の姿勢はわかっていたけれども、私がその全体をちゃんと把握することは怠っていたと思います。そもそも一般論として、記者クラブに所属する新聞やテレビの記者の多くは、日々のニュース対応で手一杯なので、発表されたことに対してミクロ視点にならざるを得ない。

江崎　ミクロ視点しかないというのは、つまりマクロ視点が弱い。だから国家戦略もわからないということですね。

田北　少なくとも現場の記者についてはおっしゃる通りです。

江崎　たぶん今も記者の視点は右左を問わずミクロばかりでしょう。

田北　それは新聞を見たらわかるのではないでしょうか。例えば、日本と他国との首脳会談のときにも、新聞記者は「これで合意した」という成果で見出しを取りたがり、しかもその後、どうなったのか、その合意がどういう意味を持つのか、といったフォローアップには関心はないんですよ。私もご多分に洩れず、フォローアップが十分ではなかったと思います。それなのに、こうやって偉そうに語るな！　と読者に叱られそうですが。

江崎　安保戦略を定めるようになったことで日本は、基本的な国家の統治機構や国家の運営のソフトを大きく変えたのです。

ソフトが変わったのに、それに気づかないでミクロばかり見ている。だから、我が国の外交・安保のことが現場の記者もわからない。現場の記者がわからないから、国民は新聞を読んでもわからないし、テレビを見てもわからない。右左の論壇も似たようなもので、「岸田はダメだ」とか「河野太郎はダメだ」といった個別の話ばかりです。

じつは一部の政治家や官僚たちは、我が国がどういう方向で進むべきかを一生懸命に考えて、懸命に国家安全保障戦略を遂行しているのだけれども、その活動の意味するところが、まだ十分には理解されていません。

田北　伝えるメディアに十分な理解があるとは言えないから、国民にも伝わりませんよね。一方、自民党で安全保障を理解する国会議員は増えたのではないですか。

江崎　安全保障を理解することが政治家として必要だ、という認識を持つ政治家が増えました。昔は、安全保障に取り組む政治家は変わり者だと思われていましたからね。

田北　主に国防族と呼ばれる議員たちだけだったのでは。

江崎　今は違います。地元に帰ったときに有権者から「北朝鮮のミサイルはどうなっているんだ」「尖閣諸島を守れるのか」「台湾有事が起きたらどうするんだ」などと聞かれるんですよ。となると、どうしても答えなければなりません。きちんと答えれば有権者も「先生は大したもんだ」と尊敬される。でも、うまく答えられないと有権者に見放されて、次の選挙で落選するかもしれません。

田北　わかりやすく自分の言葉で説明できる政治家に対しては、支持者も「ウチの先生はすごいよ」と誇らしい気持ちになるでしょう。

私でさえ、「海外情勢について話してほしい」という要望をうけることがあります。しばらく前と違って、海外情勢への国民の関心はずいぶん高まってきています。

政権交代をしても基本戦略は変わらない

江崎　２００９年の自民党から民主党への政権交代は、日本の労働組合におけるナショナルセンターである「日本労働組合総連合会」（略称は「連合」）の後押しで実現しました。しかし民主党政権は3年ちょっとしか持たなかった。国民の間ではもう民主党には政権を任せられないという感じにもなって、連合はこの民主党政権の失敗を非常に深刻に受け止めています。

それで連合の、特に旧同盟系の方々は、民主党政権の失敗を総括して2つの教訓を得ました。１つが「外交・安保の政策については政権交代してもある程度の連続性を持つこと」です。２００９年の政権交代ではそうでなかったために、米軍普天間飛行場（沖縄県宜野湾市）の移設先について鳩山総理が「最低でも県外」などという無責任なことを言ってしまった。これで、アメリカとの関係がぐちゃぐちゃになってしまい、国民の信頼を大きく損ないました。

もう１つが、日米同盟を認めようとしない「日本共産党とは手を組まないこと」です。

民主党政権は共産党と連立を組んだわけではありませんが、共産党との関係は密接になって、その影響で政権運営に支障が出ることもありました。

田北　その民主党の後継政党である民進党の流れをくむ立憲民主党は、言葉では否定しますが、共産党と近くありたいという印象を受けます。一方、今年7月7日投開票の東京都知事選では、連合東京が、共産党と連携した蓮舫候補ではなく、小池百合子知事を支援するという動きもありました。

江崎　その点で連合の姿勢は、立憲民主党に厳しい。連合としては、共産党を政権に入れてしまうと、世界の自由主義陣営から相手にされなくなることを十分承知しています。民間の労働組合は世界の自由主義陣営の中で、サプライチェーンにもＴＰＰ（環太平洋パートナーシップ協定）にも参加しているわけです。共同研究や共同開発ではどこの国でも共産党は排除、または警戒されています。

田北　連合傘下の組合には、そもそも共産党と相容れないところも少なくありません。

江崎　その代表格が基幹労連（日本基幹産業労働組合連合会）ですね。重工業産業の労働組合なので、三菱重工業、ＩＨＩ、日本製鉄などの労働組合が加盟しています。つまり、基幹労連の企業はイコールほぼ防衛産業なんですね。だから基幹労連の労働組合も、防衛に理解のない民主党議員に対して激怒していたわけです。

田北　当然ですよね。

江崎　連合は、長期政権が続くと政治は腐敗するので政権交代が必要だと思って民主党を応援したのだけれども、結果的に民主党政権は期待外れだった。それで連合、特に旧同盟系は支持する野党の議員たちに対して、外交、安全保障政策、防衛費問題、さらには原発も含めたエネルギー問題などをきちんと理解すべきだという方針を打ち出したんです。

この方針を受けて僕は、我が国の安全保障がどういう状況になっているかを説明してくれと言われて、労働組合の幹部研修会で講演しています。そこには立憲民主党の若手議員も来るんですが、話をしてみると、考え方は連合の方針とほぼ同じです。

田北　そうですよね。立憲民主党でも若手議員の意識は変わってきていると聞きました。

江崎　もちろん内政問題では基本的に自公連立政権と対峙するけれども、外交・安保政策については与野党の間で一定の合意を構築すべきだという姿勢に変わってきています。こうした連合の変化に対応してなのか、国民民主党は安全保障やエネルギー政策については、政府与党と同じ方向性を打ち出していますよね。

要は2013年から、10年単位の安保戦略が策定されるようになったので、野党としてもそれを理解したうえで、もちろん問題があるところは突っ込めばいい、という議論の立て方をする傾向が強くなってきています。だから岸田政権が打ち出した防衛費倍増についても、立憲民主党はそれほど反対しませんでした。

田北　政権交代が起こったところで、今回の安保戦略は変わらないでしょう。というか、変えてはいけないと思います。もちろん、情勢は変化するので前提状況が変わることがあるかもしれませんが、大きな流れは堅持されるべきではないでしょうか。立憲民主党がすぐに政権を取ることは考えづらいけれども、万が一、立憲民主党が中心の政権ができてもさすがに変えられないと思いますよ。立憲民主党の若い世代の政治家は、蓮舫さんや枝野幸男さんといった古株よりもまだ現実への理解があるはずです。

また、政権が代わっても事務方は同じなんですから、仮に立憲民主党主体の連立政権ができたとしても、NSCやNSSをなくしてしまうようなことはないと思いますよ。さすがに確立しているものを壊すのは、新しい政権でも難しいでしょうし、仮になくしたところで、代わりになる組織を作らないといけない。簡単ではありません。

今の我が国を取り巻く安保環境では、むしろ安保面を強化する方向に進むしかないと思います。だから例えば、ある省の人員を減らし、内調（内閣情報調査室）に異動させて機能を強化するということはあってもいいかもしれません。

安全保障の議論が進む中で遅れを取る憲法改正議論

江崎　僕は、産経新聞は、安保問題に関してはもっと旗幟鮮明にして、国家戦略について扱ったほうがいいと思います。ただそれで部数が伸びるかどうかは、また別の話ですが……。

田北　旗幟を鮮明にしてもなかなか売上げの数字につながらないのが、難しいところです。

もっとも、産経新聞も日本のあるべき姿をもっと強く意識した紙面展開があってもいいのではないかと思います。安全保障に関してはともかく、例えば、最近では旧統一教会に対しての解散命令請求や政治とお金の問題についていえば、産経も結果的に朝日新聞と同じ論調になってしまったような印象を受けています。もちろん、すべてが朝日新聞などとは逆であるべきだというつもりは毛頭ありません。ただ、産経新聞としてどうあるべきかを議論していけば、朝日新聞などとは自ずと異なってくると思うのですが。

また、産経新聞は憲法改正についてかつてやっていたようなキャンペーンを紙面などで展開すべきだと思うのです。ずっと横たわってきた大きな問題、課題でも、時間が経てば世の中の関心は薄れてしまいます。終戦から来年で80年を迎え、日本も、日本を取り巻く国際情勢も当時とは大きく変わった。時代の変遷と共に日本国憲法が現実にそぐわなくなった点は多くあり、最たるものが自衛隊の存在です。自衛隊が憲法に明記されていないおかしさについて改めておさらいする必要はあるし、同時に、自衛隊を軍隊としてどう位置付ければいいのかについて産経新聞はもっと集中的に報じてもいいのではないか、と思うのです。その際、自衛隊明記をどう考えるか。9条なのか、または行政組織の一部とする72条や73条なのか。もちろん、個人的には自衛隊を行政組織の一部とする72条または73条への自衛隊明記には反対ですが、憲法のどこをどう変えればよいのかは迷うところですね。

江崎　僕も迷っています。何にでもプラスとマイナスであるので、「まずは憲法を1字でも変えることが大切」というやり方を、むげに否定はしません。ただし、自衛隊を行政組織として位置づける憲法改正案にはさすがに反対です。それだと警察予備隊に逆戻りしてしまうことになるからです。自衛隊を憲法に明記するのであるならばそれは軍事組織であることを明確にすべきだと思います。

田北　全く同感です。ただ、一方で、あるべき軍の姿をもっと議論する必要はありますよね。

江崎　いずれにせよ、法改正に関しては政府に憲法準備室のようなものを新設して、官邸や防衛省、外務省の人たちと一緒に議論していくようにすべきですね。政治と軍事の関係を始めとして我が国の安全保障政策を議論できる政治家、官僚、学者を増やしていくことが必要です。

田北　本当にそう思います。となると、憲法改正をわかっている人だけで牽引していくという感じですか。

江崎　牽引していくとしても、わかっている人が少なすぎます。憲法改正の勢力の裾野を広げていくためにも経済界や労働界の方々にも防衛や憲法改正の重要性を理解してもらうよう働きかけているんですが、議論がなかなか広がっていかないのは残念です。

令和の自虐史観に陥っている極端な保守派たち

江崎　憲法や安全保障の議論が広がっていかない原因は、左派の妨害だけではありません。最近は、保守系もおかしな議論をする人が目につくようになりました。

田北　極端な人の中には、例えば、日中韓首脳会談を行うことに関しても、「首脳会談などやる必要がない」と根本から否定します。しかし、やらないよりはやったほうがいいんです。嫌な相手ならあえて会うべきなんですよ。

首脳会談を定期的にやると決めているのに、日本が「やらない」と拒否したら、日本はこの地域の安定に関心がないというメッセージを送ることになりかねません。会うのがダメなのではなく、会って中国や韓国に譲歩することがダメなんです。だから、不必要な譲歩をしないようにすればいいのです。その譲歩をやっている、と批判する人がいるかもしれませんが、外務省も日本政府も以前とは相当変わってきていると私は認識しています。

江崎　極端な保守派は相変わらず「日本はダメだ。何やっているんだ。中国との対話はけしからん」と言って終わりで、具体的な提案をしようとしない。それは思考停止であって戦略でも何でもありません。

また彼らの中には「日本はアメリカの属国だ」と言う人もいるわけです。それで「日本は自立しなければいけない」とも主張してくるんですが、よく聞いてみると、その自立は、アメリカとの関係を断つ鎖国という意味であることがある。

田北　「自分は保守だ」と声高に叫んでいる人が「日本はアメリカの言いなりになっているぞ」と批判するのは、日本がまるで何もしていないかのような自虐的な考え方でもあります。

だから、そのような極端な保守派は、朝日新聞などの「戦後自虐史観」を批判しているにもかかわらず、自分たちも実を言うと自虐に陥っているわけです。理解できません。「令和の自虐史観」みたいなものですね。

江崎　いい表現ですね。まさに令和の自虐史観だと思います。

田北　もちろん朝日新聞などとは全く一線を画した自虐史観なんです。ただし安倍政権のときは彼らは「日本はアメリカの言いなりだ」とは絶対に言わなかった。岸田政権になってから言うようになったのです。

でも実は岸田政権のほうが安全保障の中身は充実したのです。

この事実をきちんと認識せず、日本の政治、外交、防衛などを歪めて語るのであれば、それはまさに中国やロシアの思うつぼになりますよ。

江崎　本当にそうです。「日本はダメだ」「日本はおしまいだ」「日本はアメリカの属国だ」という思い込みに囚われてしまっている人は結果的に、「日本はアメリカの戦略の駒でいいのか」「日本はアメリカの言いなりだ」という中国やロシアの宣伝工作の尻馬に乗ってしまっているのですが、これを愛国心だと勘違いしているから実に厄介ですね。

救いは、政権与党の自民党の国会議員の大半が、極端な保守派とは一線を画しているということですね。

田北　そこには希望がありますね。

現実政治に疎い人は単純明快な話を真実と誤認する

江崎　我が国の経済界は、極端な保守派の議論には全く関心がありません。

田北　経済界の立場は現実でいっぱいなので、想像や憶測の付け入る余地がないのでしょう。

江崎　政治家を説得するためにも、憲法改正を実現するためにも、経済界を説得することが大事だと思って意識的に経済界の方々とは話をするようにしてきました。幸いなことに、経済界の人にはよくも悪くも「石原慎太郎の秘書をやっていました」と言えば話が早い。それで経済界の方々と突っ込んで話をしてみると、アメリカ政治の動向、米中関係、日韓関係などについて相当突っ込んで理解をして、その方向性については異論があることもありますが、少なくともなんらかの対策をとろうとしているのです。何しろ自分の会社の売上、社員たちの生活が懸かっていますから、その本気度はかなりのものです。

とはいえ、表立って「中国から撤退する」と言えば、中国にいる社員たちがどんな嫌がらせを受けるか分からない。それで表向きは中国とのビジネスを継続すると言いつつ、実際はどうやって中国への依存度を下げるのか、苦労している。そうした経営者たちの苦悩を知らずに「中国でビジネスをしている日本企業は親中派で、けしからん」みたいな決めつけをしている極端な保守派の現状は本当に深刻ですよ。

田北　深刻です。私は最近、特定の発信者がネットで集めている情報よりも、ワイドショーの情報のほうがまだマシではないかと思うことがたまにあります。

江崎　僕もそう思いますね。

田北　ワイドショーは歪んでいておかしな角度もあるからそれはそれで問題なんですが、一応、いろいろなところからの話を日々伝えています。また、「日本はアメリカの属国だ」といったことは言いません。

江崎　「プーチンが救世主だ」とか、「ビル・ゲイツによる人類削減計画」といったバカげたことも、さすがに取り上げない。

田北　さすがにワイドショーには出てきません（笑）。

あのテレ朝の昼のワイドショーをたまに見ることがあるんですが、専門家を連れてきて国際情勢の話もよくやっています。

専門家には風変わりな人はいるけれども、そうやって世の中で何が起きているかを知らしめようとしている努力は良いと思います。一方、テレビは見ないでネット番組だけを見るという中高年の人は心配ですね。

江崎　本当に心配です。

田北　私と江崎さんの話では、良い、悪い、といった白黒はありません。グレーゾーンの話をしています。ただしグレーゾーンには濃淡の違いはあります。

極端な保守の人たちもたぶん、現実世界では白黒をはっきり付けられる話はほとんどないというのはわかってはいるでしょう。けれども、そのことを認めてしまったら自分たちの発信する主張が成立しなくなる。だから白黒のある単純な答えに行ってしまうのではないかと、最近思うようになりました。

江崎　悩ましいのは、単純明快な答えを示す議論の方が受けるということですね。

田北　しかも単純明快な答えを示した本を読むと、自分だけが真実を知ったと思い込んでしまうのです。誰々しか知らない話、というのはこの世にそうありませんよ。

江崎　そういう読者たちは、現実の政治の世界にはあまり接点がないからこそ、単純明快に語られている話を真実だと思うのでしょうね。政治の現実を理解していれば、憲法の緊急事態条項もディープステートによるものだとか、安倍総理も実はディープステートの手先だったというような話は余りにもバカバカしくて相手にしないでしょうからね。

田北　安倍総理を暗殺した犯人もディープステートか中国のどちらかが送り込んだという話を信じている人たちは、「安倍総理は既得権益勢力に反対の声を上げたから暗殺された」と言っています。もちろん、安倍総理の暗殺がどうして起きてしまったのかはもっと追及されるべきです。司直の手に委ねる部分とは別に、例えば国会が真相究明をやってもいいと思います。

江崎　世の中はそんなに単純ではない。複雑極まりない状況を１つずつ理解していって、もがきながら手を打っていくというのが現実の政治なのです。

田北　本当にそうだと思います。

江崎　僕は動画番組などで、政府、外務省、防衛省などの行っていることを少し褒めると、すぐに「自民党の犬」と言ってくる人がいるのです。

田北　私などは最近、「ＣＩＡの手先」と言われています（笑）。私にはＣＩＡの知り合いなどいないし、ＣＩＡからお金をもらったこともありません。

江崎　批判する人はすぐにＣＩＡを持ち出しますよね。それでは「あんた方はＣＩＡと付き合ったことがあるのかよ」と聞きたいぐらいです。

田北　彼らは、私たちが自主的、自立的に考えていることを、「そんなことを、お前が言えるわけがない。誰かに言わされているんだろう」と勘ぐって否定します。一応、自分で考えているんですけどね。だから日本政府が自発的にやっていることも、「アメリカに指示されてやらされている」と思っている。思考が被害妄想的なのです。

しかし今の日本にはやらされるなんていう余裕は全くありません。自発的にやらないとダメになってしまいます。

江崎　現に我が国は本当に自ら進むようになっています。だから明確な根拠がないまま、自国の政府に対する不信を一方的に煽るような議論はまずい。極論がまかり通ると、まともな政策批判が霞んでしまい、現実の政治を是正する動きも弱まってしまうことになるからです。

田北　そう思います。別に礼賛する必要はありません。あくまでも是々非々で、日本政府を見るようにすればいいのではないでしょうか。

第3章

官邸主導政治で国防力は向上する

縦割行政の仕組みを立て直して安保戦略をつくった

江崎　わが国は、第2次安倍政権の前までは総理大臣が1～2年でコロコロと交代しました。そのために外交・安保政策も二転、三転、四転してブレました。総理が変わるたびにコロコロ変わるようなものであれば、外国も安心して我が国と付き合えません。

ただ、ここまで述べたように、第2次安倍政権以降は大きく変わりました。

まず中長期の国家戦略をつくっていく。また、国家安全保障に関する外交・防衛・経済政策の基本方針・重要事項に関する企画立案・総合調整を担当する機関として常設のNSC、NSSを新設しました。なおかつ5年、10年という単位で設計することによって、総理が変わっても一貫した安保戦略を推進するように国の統治機構改革を断行しました。

田北　国家戦略をつくるだけでなく、それをうまく動かす統治機構の実現を目指したのですね。

江崎　それまでの縦割行政の仕組み自体がダメだったのです。我が国は省庁の縦割行政で、各省庁も自らの省益だけを求め、それぞれの省庁には族議員がぶらさがっていました。族議員はその省庁の省益のためだけに政治的な活動をしてきました。よって国益、中長期の国家安全保障は眼中になかった。

そこで外交（D）、インテリジェンス（I）、軍事（M）、経済（E）という4つの要素を組み合わせた国家安全保障の基本戦略を作った。この4つの頭文字をあわせてダイム（DIME）と呼びます。

我が国では国益より省益を重視する政治が行われていたので、官邸主導でダイムの国家安保戦略をつくり、推進することなど、官僚たちも族議員たちも望んでいませんでした。これが、我が国に独自の安保戦略がなかった理由の1つでもあるのですが、そういう状況を突破しなければいけないと考えたのが安倍総理でした。

そこで第2次安倍政権は国家安全保障戦略を策定して国益優先の対外戦略を推進しようとしたのですが、省益優先の官僚たちは必ずしも協力しようとしなかった。

田北　それで第2次安倍政権は2014年に内閣人事局も発足させました。ここは霞が関の全省庁の幹部人事を一元管理します。

江崎　幸いなことに各省庁の中には、省益より国益を重視した政策を立案・推進したいと考える官僚もいました。しかし、そうした官僚たちは、省内の先輩たちに逆らうことができませんでした。しかし内閣人事局を設置したことで、国益派の官僚たちは「国益重視の政策を推進しないと、官邸から睨まれ、出世できなくなるので、先輩たちがやってきたことと違うことをするのも仕方がないのです」と言い訳できるようになったのです。官邸主導型政治とは、国益派の官僚を登用する政治のことでもあるのです。

ただし第2次安倍政権では国家安全保障重視になったのですが、必ずしも安全保障を重視する中央省庁の体制ではありませんでした。安全保障といっても防衛省や外務省だけが関わっているわけではないのです。通信なら総務省、電力なら経産省、戦時医療なら厚生労働省、鉄道や道路などのインフラなら国土交通省と、各省庁が安全保障に関わってくるのですが、そうした省庁には必ずしも安全保障の専門家がいるわけではないし、そもそも安全保障を担当する部局さえ存在しないところもあります。そこで官邸の国家安全保障局に各省から優秀な官僚を集めようとしたのですが、なかなか上手くいかなかった。

田北　最近はかなり変わりつつあると聞いていますが、省庁側にすれば本音では良い人材は手元に置いておきたい。良い人材を出しても出身省庁に戻り、代わりに新たな人が配属される。結果として担当はコロコロ変わってしまう。

江崎　実際、各省庁で安保関係に関わる人員は不足しています。これまでやってきた仕事を全部遂行してもらいながら、一部の有能な人間に、追加で安全保障関係の仕事をこなしてもらい、何とか対応しているのです。

実は防衛省・自衛隊も「新しい戦い方」と称してサイバー、ドローン、電磁波、宇宙といった新しい分野にも新たに対応しなければならなくなりました。だが、人員は増えていないのです。しかも大規模自然災害対応も急増するようになってきている。だから、自衛隊の吉田圭秀統合幕僚長が過労で寝込んだりするような事態になる。一部の優秀な人が、無理に無理を重ねて何とか仕事をこなそうとした結果、結局、倒れてしまうんですよ。

田北　新しいことを行うのなら、古い組織や仕事のやり方を見直し、取捨選択せねばなりません。組織を増やすときには、既存の不要な組織は潰すという大胆な決断が政治の側に必要になりますね。

江崎　改革においては、やはりスクラップ・アンド・ビルドが基本なのです。

田北　一方、最近は国家安全保障局に籍を置いたことのある人たちが組織のトップについています。例えば、防衛事務次官の増田和夫氏や吉田統合幕僚長、外務事務次官の岡野正敬氏がそうです。そう考えると、防衛省・自衛隊や外務省以外の省庁も優れた人材を送り込むようになってきているのではないでしょうか。ＮＳＳもまだ歴史が浅いので、これからNSS経験者が随所でもっと活躍するようになると思いますよ。

官邸主導政治に先鞭をつけた橋本行革

田北　縦割行政の改革では第2次安倍政権の功績が大きいとしても、戦後の自民党政権で総理大臣として最も精力的に省庁再編に取り組んだのは橋本龍太郎氏ではないでしょうか。

江崎　そう思います。我が国の統治機構改革は1990年代後半の橋本行革から始まったわけで、そのお陰で今日の官邸主導政治も実現したと思います。要するに橋本行革で可能になった官邸主導政治によって安保戦略も策定し、推進できるようになりました。

橋本先生は、「アメリカや中国に振り回されていたら、我が国はやっていけなくなるから、官邸主導政治で我が国自前の国家戦略を持たないとまずい」という危機感を持っていました。それを僕は高く評価すべきだと思います。

ただし橋本先生には毀誉褒貶があって、なぜか保守派には評判悪いですが。

田北　私は、橋本先生が森喜朗政権で行革担当大臣をやられた時の番記者で、政治家を引退された後も事務所に遊びにいくなど晩年に親しくさせていただきました。いつも「内政で意見が違ってもいい。外交は一致しなければならない」と言っていて、外交だけは絶対に国内で一致して臨まなければいけないという考えをお持ちでした。

橋本先生についてはハニートラップに引っかかったということばかりが話題になったけれども、アメリカ人をはじめ外国には毅然として意見を言っていました。中国に対しても同様でした。

話はやや脱線しますが、シベリアに抑留された日本兵の間で歌われた『異国の丘』という曲があるでしょ。この曲を父の龍伍氏が背筋を伸ばして聞いていたという話を聞いたことがあります。特別な思いを持っていた曲で、2006年8月8日に執り行われた龍太郎先生の内閣・自民党合同葬で演奏されたほどです。大東亜戦争を戦った先人に対する思いは大変強かった。遺骨収集にも熱心に取り組んでいらっしゃいました。それだけに絶対に戦争をしてはいけないという思いも強かった。

江崎　僕は直接、存じ上げないですが、橋本行革がなければ、その後の官邸主導政治はなかった。あれは画期的なことでした。

田北　橋本氏は、強い内閣が頂点に立つ統治機構でなければ巨大な霞が関を使って政策展開能力を持てないと思っていたのではないでしょうか。

江崎　官邸主導政治の前までは、例えば我が国の外務省はアメリカ国務省と、通産省（経産省）は商務省と、農林水産省は農務省とそれぞれ別個に交渉していました。一方、自衛隊は対外交渉に出させてもらえなかった。

つまり、各省庁の利益だけを考えて外国政府との交渉をそれぞれでやっていたのです。そこには国家としての統一的な戦略は存在しなかった。だから通産省と外務省は敵同士みたいな感じで、外国と交渉しているのに日本の省庁同士がお互いを潰し合っている、という構図がありました。だから官邸主導政治にして国益を重視する政治へと明確に変えなければいけなかった。

田北　江崎さんが今言われた「国益」という言葉は、小泉政権のときにようやく聞かれるようになったんです。その前まで日本は「国益」という言葉を口に出さなかったですよね。

江崎　そもそも国という言葉も避けていましたよね。国と言うと、まず右翼という感じでしたから。

田北　おかしな話ですよ。

江崎　だから当然、国益という発想も薄かった。

田北　私たちは今、国益とか国家観などを普通に話題にしているけれども、20年前ぐらい前はそんな話はしませんでした。

江崎　本当に話さなかったですね。橋本行革の後、21世紀になってから我が国も本当に大きく変わってきました。

田北　それには国内的な要素のほかに海外からの外的要因もありました。２００１年の９・11や２００３年のイラク戦争などが日本国内を揺さぶったんですね。

江崎　さらに２００９年、中国漁船が海上保安庁の巡視船に衝突するという尖閣事件がありました。

田北　尖閣事件は国内の対中観を大きく変えました。尖閣事件に国内が揺さぶられて、中国との関係を見直す機会も増えました。そこで遅まきながら、政治も中国に対応しなければいけないということで動き始めたんです。

２００７年、第１次安倍政権が倒れた後、安倍氏は中国の動きもずっとつぶさに見ていました。それで、自分がまた政権に就くことがあったらこうしたい、という構想をコツコツと蓄積し、第２次安倍政権になってその構想を提示したわけです。

昔よりマシになった外務省

田北　江崎さんのように自衛隊の変化がよくわかっている方や、私みたいに記者としておよそこの20年間外務省と付き合ったり、いろいろな立場で見る機会を得た人間には、政治と行政の変化もなんとなくわかるわけです。

しかし、個別の記者は別として、総体としてのマスコミ報道はそうではなく、政治や行政の悪いところばかりをクローズアップするから、その影響で世論は「日本の政治や行政は全く変わらない」ということになってしまいます。知っている、またはわかっている記者も発信場所が少なくなったり、幹部になってしまったりするから、いよいよ報道がおかしくなる。

これは「マスコミの外交・安保報道は有益か」という問題にもつながるんですが、それでも防衛省に関する報道はずいぶんマシになってきました。

対して外務省については、報道の切り口が依然として変わりません。ただし報道の数自体が減ってきたとは思っています。安倍政権になって外交の主導権が官邸に移ってしまい、もはや外務省がメーンプレイヤーではなくなったからでしょう。だから外務省はかつてに比べれば〝下請け〟のようになっています、外務省の人たちは否定するでしょうけど。ただ、時の総理大臣の外交への関心の度合いによっても変わるとは思います。

江崎　対外政策の立案を官邸でやるようになって、外務省のほうはロジスティック専門になってしまったんですね。

田北　その側面は否めませんね。とはいえ、また岸田政権になって若干変わったとも聞きます。一部では、官邸が方向性を示してくれないから、外務省もどうすればいいのかわからない、という声を聞いたかと思えば、岸田総理は外務省が準備した通りにやってくれるという声もあった。いずれにしても、安倍政権の時のような強力な官邸主導ではなかったと言えると思います。一方で、国家安全保障局（ＮＳＳ）の存在も大きいでしょうね。ＮＳＳ局長が外務事務次官だった秋葉剛男さんということもあり、外交はどうしても外務省よりもＮＳＳの存在が大きくなる。

江崎　外交政策の主導権は官邸に移っているのに、いまだに外務省を一方的に叩く風潮が残っていますね。

田北　そうなんです。ことあるごとに、外務省を悪者にしたがる。もちろん外務省にも問題はないとは言えませんが、昔に比べるとはるかにマシになったと思いますよ。

江崎　確かに外務省ははるかにマシになっています。

田北　例えば今のチャイナスクールも、そんなにガチガチの親中派ではないわけです。アメリカ国務省のパンダハガーみたいな人の存在も、今は聞きません。私が知らないだけかもしれませんが、さすがに現在の中国やロシアのような専制主義国家を目の当たりにして、日本外務省で「中国命」みたいな人が勤務し続けるのは難しいのではないかと思いますよ。とはいえ、何らかの配慮みたいなものは完全に払しょくできないでしょうから、今後も「対中配慮」という言葉は使われ続けるでしょう。政治からの圧力は依然ありますし。

目下、外務省で幹部になり始めている世代は、若いときには外務省が不祥事やスキャンダルで揺れた時代を記憶しています。「ウチの省はおかしい」と言って外務省改革に関わった人たちも少なくありません。いまだに外務省を悪者にするというのは、フェアじゃないと思います。ほかにも叩かれて然るべき省庁はありますよ。

江崎　外務省の変化に気づいていない人が多い。

田北　２０２４年４月３日に発生した台湾東部での震災の後、４月９日に日本政府は日本台湾交流協会を通じて政府開発援助（ＯＤＡ）である緊急無償資金協力で台湾に１００万ドル（約１億６０００万円）規模の支援金を出すことを決定しました。これは官邸からの指示ではなく、外務省が自発的に行ったものだと聞いています。

外務省は何をやっているかはオープンにはしないけれども、やることはやってはいます。ただ、もっと発信してもいいと思います。これは日本のメディアに対していう話に限りませんが、外交の場では「相手国の立場があるから」といって、協議で相手国が何を言ったのかを公表しません。ところが、中国や韓国は公表するわけです。そうなると、相手国が自国の都合のいいような発信内容だったとしてもそれが正しいとなり、日本はそんなことを言ったのか！　と日本国内で問題になるわけです。

江崎　そういうことはもっとアピールしたらいいじゃないですか。

田北　相手国との関係でアピールしないんですよ。変ですよね。外務省としては、それをおかしいと思うか、仕方がないと思うかは、みなさんの価値判断に任せるという姿勢なんでしょう。

それに何だかんだ言っても、例えば日台の関係は米台の関係に左右されているところがあるので、米台よりも日台が前に出ることは、日本政府も自重していると思うんです。私自身は外務省がやれることはもっとやっていいと思いますが、政治家もうるさいわけです。外務省は政治家にあまり強くない。

もっとも、現状では日台の議員外交は非常に活発になっています。日本における台湾の外交窓口である台北駐日経済文化代表処としても、台湾から政治関係者がたくさん訪日するので、対応に忙しいと聞きます。

江崎　実際には日台の政治的な交流は活発になっていますね。

田北　政治の日台の往来は、私たちの知らないところで相当頻繁に行われています。

江崎　もう外務省も中国べったりということはないですよ。

田北　状況は変わってきているのだから、もうちょっと冷静になって外務省を見たほうがいいと思いますね。

防衛産業の担当も防衛省に

江崎　第1章で述べたように、防衛産業を伸ばしていくことは経済成長にもつながります。そこで、経産省も防衛費増に便乗しています。ただしもともと防衛産業は経産省の縄張りだから、その強化は自分たちに有利になるはずだったのに、防衛生産・技術基盤強化に関する法制度を引き受けたのは防衛省でした。

経産省としては、気づいたら防衛省が出張ってきているため、「防衛産業のことを何もわかっていないのに法整備なんて本当にできるのか」と不満を持っていた。前防衛事務次官の島田和久さんたちも相当、経産省との関係に苦労したと思いますよ。

田北　それはあるでしょうね。経産省はすごく「罪深い」という声を聞いたことがあります。

江崎　確かに経産省は大きなビジョンを掲げてプロジェクトを立ち上げるけれども、実行するとうまく行かないことが多いですね。

田北　よく言われているのが、花火を上げることは得意。だけど、失敗しても、そのときには担当者は異動でどこかに行ってしまっている、というのです。

江崎　裏を返すと、うまくいったときだけ、自分たちはこれだけ成果を挙げたとアピールしている。

田北　そうとも言えますね。それで名前が売れれば、経産省を辞めてどこか待遇のいいところに収まることができるし。

江崎　今回の防衛生産・技術基盤強化に関する法制度の場合、技術もイノベーションも全部、防衛省に紐づけられました。実はこの紐づけ先は当初、経産省、内閣府、防衛省の3案があったと聞いています。経産省は自分たちになると信じていました。

田北　経産省はいつも自信に満ちてる（笑）。言っておきますが、優秀な人も多いんです。

江崎　しかし現実としては、この面では日本政府もアメリカの国防省やDARPA（国防高等研究計画局）、イギリスの国防省などとやり取りしなければならない。そういう安全保障の話は経産省にはやはり荷が重いので、内閣府か防衛省かということになりました。最終的には防衛省に紐づけられたのです。

田北　江崎さんの説明のように、ミリタリー同士の関係を重視するのなら、防衛生産・技術基盤強化に関する法制度も防衛省が受け持つのが自然ですね。

江崎　僕としてはミリタリー同士の関係でやれるようになったこと自体、感慨深いです。

田北　内閣府にならなくてよかった。省庁再編の際、省益を排して政策立案面で総理大臣をサポートするということで内閣府に様々な組織を置くようになりました。内閣府は身体が1つなのに頭がいっぱいあるような組織です。

そして官僚は他の省庁からやって来るので、彼らの身体の半分は出身省庁に残っていて、あとの半分で内閣府の政策をやっています。さすがに霞ヶ関の人たちはみんな、そういう寄せ集めの官庁の内閣府だと、物事がなかなか前に進まないことがわかっているわけです。

内閣府には所管大臣がたくさん紐づいているのですが、その割には1人の大臣で複数の役割を持っている。内閣府では担う仕事がどれもこれもすごく中途半端にならざるを得ないですよね。

江崎　そもそも内閣府は執行官庁ではなく政策官庁の色彩が強いですからね。

田北　混ざっていますね。

江崎　防衛省、国土交通省、農林水産省、厚生労働省などは実務部隊を持っているので、それなりに行動し、実行力がある。実務部隊のない内閣府や経産省などの政策官庁は、その点が弱い。口で言うだけで、具体的な仕事は他の官庁や民間企業などに丸投げする傾向が強いですからね。

画期的だった海上保安庁と海上自衛隊との棲み分け

田北　この省庁間の問題に関して、防衛省が関わるもう一つの重要な官庁があります、それは国土交通省の外局である海上保安庁（海保）です。

海保は海上の安全と治安の維持を任務とする法執行機関です。密輸や密漁の取締り、領海警備、海難救助、海洋環境の保全など幅広い業務を行っています。その中で近年、尖閣諸島に出没する中国海警局の船に対応するという、重要な仕事を担っています。

ご存じの通り、中国は日本固有の領土である尖閣諸島の領有権を主張していて、中国海警局の船が毎日のように尖閣に来航し、領海に侵入したり日本漁船を追い回したりしています。しかもその活動は年々、活発化してきました。

江崎　これに対して危険を顧みず、粛々と中国の海警船に対応している海保の活動は素晴らしいですね。

田北　海上保安官には「自衛官よりも俺たちのほうが日々命をかけて戦っている」という自負があると聞きます。

海保の熾烈な「戦い」については元海上保安庁長官の奥島高弘氏が『知られざる海上保安庁』（ワニブックス、２０２４年）という本を書いて、世の中に知らしめました。お陰で海保に対する見方は相当変わったと思います。

江崎　岸田政権は２０２３年４月、自衛隊法第80条に基づき、有事の際には防衛大臣が海上保安庁を統制するというガイドライン（統制要領）を作成しました。自衛隊が国防に専念し、それ以外の国民保護措置の任務を海保が最大限行うというものです。

田北　それで台湾有事の際、沖縄の離島から国民を避難させるときにも、海保の船が使えることになりました。

でもガイドラインができるまでは、外国の不審船から日本周辺の海を守っている海保は有事になったらどういう活動ができるのかが大きな問題でした。なぜなら海保の非軍事性を規定した海保法25条があるからです。

これが自民党の部会でも自衛隊側の国防族と海保側の国交族の争いの火種になっていました。一時は国防族が「海保にも軍事力を持たせるべき」だとして、25条をなぎ倒すような勢いだったのに対し、国交族もすごく踏ん張って盛り返していきました。

そこに岸田政権が介入し、やはり絶対に25条は揺るがせにはできないという形になって、結局、うまく棲み分けができたのです。これにはＮＳＳの力も大きかったと思いますが、岸田政権は25条問題を克服してガイドラインを作成したのでした。画期的なことです。

江崎　今や海上自衛隊と海上保安庁との連携が進み、離島での有事対応の訓練や人的交流もかなり進んできています。

田北　ガイドラインをきっかけに動き始めて、特に沖縄や南西諸島では活発に連携した訓練をやっているようですね。

江崎　国家戦略ができて沖縄の先島諸島、尖閣を守るという国策が定められたので、それに基づいて海保、自衛隊、警察、地方自治体が協力関係を結んでいくという大きな流れができたのです。

田北　何をやるのかがはっきりして、政府としても組織の縦割りで日本を守るのではなく政府を挙げて守るという姿勢がより鮮明になりました。

江崎　国家戦略をつくるということは、本当に大事なんですよ。

田北　月刊『正論』２０２３年８月号に奥島氏が寄せた「海上保安庁を軍事機関にしない理由」という論考によれば、海上での国家間の紛争で軍隊同士が角を突き合わせると戦争になりかねないが、その点、海保のような法執行機関は法とルールに基づいて事態をエスカレートさせることなく対処することができる、とのことです。

逆に言うと、25条を削って海保を法執行機関から軍事機関にすると、戦争を回避する緩衝機能がなくなるということです。やはりまず有事にならないようにすることが大事ですよ。25条を残したままでガイドラインをつくったのも岸田政権の1つの成果だと思います。

国全体で対応していかなければ我が国は守れない

江崎　戦後最大の脅威にさらされている我が国は、自衛隊だけを強くしても守れるという状況ではありません。日本政府もそれは十分にわかっていて、資料「なぜ、いま防衛力……」でも「我が国を守るためには、自衛隊が強くならなければならないことは当然ですが、我が国全体で連携しなければ、我が国を守ることはできません」と強調しています。

そこでまず軍事技術の研究部門を強化することにした。次に公共インフラです。2022年に岸田政権が成立させた経済安全保障推進法に基づいて道路、港湾、空港、鉄道などさまざまな公共インフラを整備・強化していきます。

また、電気、ガス、水道などの基幹インフラを守っていくためにはサイバー攻撃への対処が不可欠で、マルウェア対策などのリスク管理措置を義務付けました。さらに、基幹インフラの事業者に関しては、関係者の国籍、外国政府等の名称と売上割合も含めて全部事前チェックして申請するという仕組みに変えました。

田北　すごいですね。

江崎　加えて国際協力で各国と連携することや地方自治体、民間団体との連携も重要です。自衛隊の抜本強化は必要だが、同時に自衛隊だけで我が国を守れるような状況ではなくなったことを強調している点も、安保3文書の大きな特徴なんですよ。

田北　自衛隊だけでなく、日本国内の様々な力を使って守っていこうと、明確に呼びかけていますね。

江崎　しかし、その呼びかけに対して極端な保守派は「岸田なんかに協力するものか」と言っています。

田北　愛国者と自称しながら……。「あなたたちは、どこに協力しているんですか」と言いたい。

江崎　むしろ、国防を空洞化させることを懸命にやっているという感じです。政府批判は遠慮なくすべきですが、その批判には明確な根拠があるべきです。単なる思い込みや感情論からの批判は百害あって一利なしですからね。そのうえで、一般の方ならともかく言論人、専門家であるならば、批判する以上、その代案を提示してほしいと思いますね。

田北　最近の講演では自民党の話をしています。「メディアは自民党を叩くけれども、自民党の国会議員ほど勉強している人たちはいませんよ。毎日のように朝から午後の遅い時間まで党の部会などの会合で勉強しています。永田町のことはメディアも一部しか報道しないので、国民はそういうことが伝わっていません」と話すのです。

するとと、岐阜県での講演の後、聴衆の人たちから「自民党に対する見方が変わった」と言われたんです。

江崎　大半の政治家は毎日毎日、早朝から部会に出席してさまざまな国家の課題について議論をしてその対策を考え続けているわけですが、一般の人たちは普段、自民党の国会議員が日々何をしているかは知らないですからね。

田北　知りません。それで聴衆の人たちから「自民党のことをもっと聞きたかった」とも言われました。国を守るための国全体の連携という点では、何より国民の協力が欠かせません。私は、自民党の国会議員には、国民に対するアピールも含めて、やることが山ほどあるぞと言いたいですね。

江崎さんのような方に解説してもらって、「そうか、岸田政権はこんなことを進めていたのか」とみんなの理解を深めた後で、政権の評価を判断するべきなんですよ。

しかし現実には、感覚的に好きか嫌いかだけで判断してしまっている愛国者と称する人たちがいる。そういう人たちが接するのは、事実でない情報か意図的に解釈を捻じ曲げている情報が多いんです。

けれども、フラットに事実関係を突きつけられると、「なるほど」「ここまで進んでいるとは」「そういう課題があるのか」などと思わざるを得ないじゃないですか。

我々はけっして岸田政権を手放しで礼賛してきたわけではありません。事実に基づいて判断すべきだと言っているのです。

江崎　政治に関する議論は、勝手な思い込み、決めつけではなく、公刊情報、具体的には政府、各省庁が作成・公表している行政文書に基づいて進めたいものです。そして国家の安全保障について論じるならば、現在の安保3文書に基づいて議論すべきです。この安保3文書もろくに読まずに「日本政府は、安全保障について何もしていない」と非難するのは、それこそ国益にならないと思います。

とはいえ、安保3文書にも多くの問題があることもまた事実です。例えば、自衛隊員の定員を増やさず、安保関係の業務に人員を増やせない状況のままだと、増加する業務量に対応できないばかりか、現場は疲弊してしまって却って防衛力が落ちる可能性が高い。でも、そうしたリスクも理解したうえで、それでも安保3文書で閣議決定した防衛力抜本強化策をやらなければ危機に対応できないのもまた事実なのです。

防衛力強化には地方自治体の役割も非常に大きい

田北　安保戦略は、江崎さんが言うように民間人もそうだし、地方行政も含めて国民の総力を挙げて取り組むべきテーマなんです。地方自治体でも安全保障は他人事ではなく、今は自分事なんですよ。

江崎　そもそもミサイル攻撃などで我が国の本土が攻撃を受けたとき、国民を保護する役割を担っているのは地方自治体なんです。国民保護法という法律で地方自治体は住民を避難・保護し、保護した住民たちに衣食住を提供しなければなりません。国民の保護を行うのは国ではなく、いわんや自衛隊でもないのです。
ただ法律でそうなっていても地方自治体に実際の能力があるかと言うと、今回の能登半島地震でも地方自治体にはやはり実務能力が不足していました。地方自治体の職員自身が被災して動けなかったことが大きいですが、人員も少ないのです。例えば、石川県の川北町だと職員は100人にも満たないのです。

田北　そんなに少ないんですか。

江崎　職員が少ないのにどうやって地域の住民を保護するのか。大規模自然災害に対応したり、有事に際して国民保護を実際に行うためには、小さな自治体では無理で、一定のマンパワーと予算を持つ広域自治体が必要です。まずは都道府県ですが、いずれはいくつかの府県が集まって「州」をつくり、消防や警察、自衛隊員OBなどによる州軍が国民を保護していくという、2段階の仕組みを検討せざるを得ないでしょうね。同時に国内の大規模自然災害やテロ、破壊工作に対応するためアメリカのように国土安全保障省のような組織も必要になってきますね。

田北　まさに今こそ道州制など広域自治体の議論が必要ですよ。

江崎　道州制で地方のことは地方がやり、中央政府は安全保障や外交、サイバーなど本当に国レベルでやるべきことに専念するという、統治機構改革も検討すべきでしょう。よって政治家の勉強会では「中央政府は国防と外交に専念し、大規模自然災害や国民保護は広域自治体で対応するという役割分担を見据えた統治機構改革が必要だ」という話をしています。

能登半島地震のときも自衛隊が派遣され、災害支援を実施しました。一刻を争う被災民救出活動に自衛隊が出動するのは当然だと思いますが、年末から台湾総統選と朝鮮半島危機に備えて自衛隊の各駐屯地や基地では警備を強化していました。その警備の人員の大半が能登に送られ、基地警備は手薄になってしまったという一面もあるのです。自衛隊員の数が限られている以上、有事と大規模自然災害に同時に自衛隊が対応するのは、マンパワーの観点から見ても無理なのです。自衛隊に頼らずにいかに災害対応をするのか、この課題に正面から向きあうべきなのです。

田北　防衛力の強化は政府や自衛隊だけの問題ではないですね。

江崎　地方自治体のあり方や国民の意識も変えていくことが不可欠です。けれども、国民のほうの意識を変えるという点は手つかずのままです。

田北　安全保障というのは「安全保障屋さん」だけがやる話ではない。地方自治体の総務省、お医者さんの厚労省、食料確保の農水省、インフラ整備の国交省、子供の学校では文科省などが関わってきます。いざというときのことを考えたら、関わらない人はいないわけです。

ただし国を挙げてという、我が国の安保戦略の場合、方針として書いてあることは正しいのだけれども、「優先順位をつけよ」ということでもありますね。

江崎　優先順位をつけるとともに、国民に対するメッセージをもう少し強く出していかないと、「有事になっても自衛隊だけが頑張ればいい」みたいなことではとても対応できません。

田北　安保3文書の安保戦略にも総合力の必要性が書いてあります。安全保障に関しては政府や自衛隊だけでは終わらせず、地方自治体も民間もみんな巻き込んでやらなければいけなくなっていますね。

自衛隊を退官した後の再就職の斡旋が大きな課題

田北　ここで防衛の大きな課題をもう1つ取り上げると、やはり人材ですよ。防衛産業に従事する人材をどこまで確保できるか。その点、日本の教育はあまりにも文系重視になり過ぎています。ここ数年ようやく理系が見直されてきたとはいえ、理系の人材をもっと育てなければなりません。

もちろん理系に限らず防衛産業に従事できる人材をもっと増やしていく必要があります。

江崎　私が防衛産業のある企業で20代から40代前半の社員１００人くらいを前にして講演をしたとき、その半数近くは女性でした。女性の社会進出が進んでいて、やる気のある女性がガンガンやってきていると感じました。優秀な女性たちが活躍する時代に変わってきたのは大きなプラス面です。

田北　私は女性云々というよりも能力のある人材が育ってきたのだと思います。その多くが女性だったということでしょう。

また、今や防衛産業もＩＴ化を飛び越えてＡＩ化まで進んでいるなど、分野が多様化してきました。それを埋めるにも新しい人材が必要で、そこに女性がたくさん行っても不思議じゃないわけです。

江崎　これまで防衛産業は白眼視されてきました。人材不足については、その防衛産業で急激に仕事が増えてきて、中堅の人材がいないのが目立つようになったこともありますね。しかし中間層があまりいないというのは、必ずしもマイナスではありません。

田北　中間層が少ないと、若手は自由にやれます。でも高校を出て自衛隊に入り、訓練を積んで3～5年くらいで箔を付けて辞めるような若い人もけっこう多いそうですね。

江崎　そういう人たちは一定数います。ただし若くして自衛隊を辞めても、今は建設業や運送業だと本当に人手不足なので働き口には困りません。

一方、自衛隊も基地支援業務などを民間委託するようになってきていて、自衛隊を辞めた後にやはり基地警備業務などを担ってもらえるようなスキームをつくるべく、防衛省も議論を進めています。

田北　将官クラスの人たちと違って曹士クラスの人たちは給料も低いし、3～5年で辞めるのでなくても、定年が早いんですね。そういう人たちにも入隊後の人生設計ができるようにいろんな選択肢を提供しないと、自衛隊に入るインセンティブがなくなります。入隊してある程度しっかりした人生設計ができるなら、自衛隊の志望者も増えてくるでしょう。でないと、志望者も増えません。

江崎　自衛隊の場合、定年になる年齢が比較的若いということもあるので、自衛隊を退官した人たちの処遇についてはやはり自衛隊全体の課題です。

田北　退官する年齢は階級によって違うけれども、将官でも55歳でみんな出てしまいます。大学生の子供がいても退官しなければいけない人もいる。

退官では一佐クラス以上なら大企業に入れる可能性は高いようですが、それも限定的です。三佐クラスでは再就職先にそれほど恵まれているとは言えないと聞きます。

それに、正社員として再就職できたとしても、後から自衛官を退官した人がまたやって来るので、雇用を維持してもらえる期間も限られています。

江崎　やはり自衛隊を退官した人たちにふさわしい仕事を増やしていかなければなりませんし、今後、増えていくことになるでしょうね。防衛省・自衛隊は業務を次々と外部委託しているのですが、有事に機能することが不可欠なので、できれば、自衛隊経験者のいる民間事業者に業務を委託したい。

そのため防衛省としても、退官した自衛官たちにビジネスを請け負ってもらう仕組みをつくろうといろいろ考えていると思います。

田北　結局、そういう方向に行くほかはないでしょう。再就職できる仕組みがあれば、自衛隊での経験をうまく活かすことができますね。

第4章

インテリジェンスをもっと重視せよ

外務省でも防衛省でも情報部門は目立たなかった

江崎　次にインテリジェンスの強化について話をしたいと思います。

岸田政権が閣議決定した国家安全保障戦略2022では《総合的な国力（外交力、防衛力、経済力、技術力、情報力）を用いて戦略的なアプローチを実施》と明記され、「情報力」重視が打ち出されるとともに、《情報に関する能力の向上》として《情報収集能力の大幅強化（特に人的情報収集）。統合的な形での情報集約の体制整備。認知領域における情報戦への対応能力強化。偽情報対策の新体制の整備等》に取り組むことが謳われました。

これもインテリジェンスをタブー視してきた戦後日本においては画期的なことです。

ちなみにこのインテリジェンスは諜報などと訳されることが多いですが、要は国策、政策に役立てるために、国家ないしは国家機関に準ずる組織が集めた情報の内容、または情報活動のことです。我が国では、内閣官房内閣情報調査室、外務省国際情報統括官組織、防衛省防衛政策局、防衛省情報本部、警察庁警備局、公安調査庁などが担当しています。

では、我が国のこのインテリジェンスの実態はどうなっているのか、今後の課題は何かを議論していきたいと思います。

田北　インテリジェンス問題を考えるにあたり、一つ象徴的な話をしたいと思います。北朝鮮の最近の動向について月刊『正論』２０２４年４月号でソウル特派員経験者の産経新聞久保田るり子さんと元東京新聞の城内康伸さんに対談してもらったとき、対談の最後に２人がポロッと言ったのが、「北朝鮮のことは北朝鮮の人に聞かなければわからない」でした。何十年も北朝鮮を見てきたその２人の発言ですよ。

私も本当だなと唸ってしまいました。相手の考えを知る。これに尽きると思います。私たちはアメリカについてはある程度わかり始めたのかもしれないけれども、それでもアメリカ人はあくまでも別の国の人たちなんです。

中国人の場合でも軍人、政治家、経済人、一般民衆ではまたいろいろと違うでしょう。中国がどうなのかは中国人に聞かなければわかりません。中国人はやはり私たちと思考が違うのです。日本人の私たちの感覚や主観は他国の人のそれらとは違うという認識が重要だと思います。

江崎　相手を知るというのがどれだけ大事なのか。だから結局、インテリジェンスが国家戦略の基盤なんですよ。相手を知らないことにはどうにも手の打ちようがありません。

田北　日本はこれまでスペシャリストよりもジェネラリストをつくる方向に走ってきました。最近は再びスペシャリストを重視する動きにはなっているものの、やはり外務省にしても防衛省にしても特に情報部門では同じ人を担当させる人事をやらないと専門知を吸収できないですよね。

江崎　これまで防衛省や自衛隊がインテリジェンスを重視してきたかというと、必ずしもそうではない。なぜかと言うと、例えば防衛省・自衛隊は作戦部門の人たちが長年出世してきたわけです。その出世した人たちが、情報担当を誰にするかについて、適任かどうかを見極めず、「お前、情報でもやっておけ」という感じで人事を決めてきた。情報部門は出世コースではなかったわけです。悪くすると、現場であまり役に立たないから情報部門に配置するみたいな人事さえまかり通ってきた。もちろん、自ら志願して情報部門に進み、防衛省・自衛隊のインテリジェンスの質を懸命に高めてきた方もそれなりにいらっしゃいますが、そうした方々に対して適正な評価がなされているとは言えません。

田北　そうですよ。外務省でもその傾向はありましたね。

情報部門というのは、地味に情報収集を行い、でもたまに相手方と会うのにお金も使わなければいけない。お金はかかるのにアウトプットが少ないから、重宝されません。しかも極端な専門家が多い。

江崎　組織文化としてこれまで、インテリジェンスの担当者は、冷や飯食らいとか窓際族という扱いをされてきました。

田北　結局、日本では相手の国を知るということもまだまだ十分ではないということですね。インテリジェンスの研究が足りない。

江崎　そうなんですが、外国のインテリジェンスを研究することは非常に大変なんです。どこの国も自分たちの情報機関の動きは表に出しませんから。

田北　とすれば、インテリジェンスでは今の研究ではなく、歴史を研究することになるのでしょうか。

江崎　その歴史的なこともほとんど表に出ないのです。よって、どこの国でもインテリジェンスの研究をやっている人たちはインテリジェンス機関の人たちになります。でないとそうした情報にまずアクセスできませんし、アクセスできたとしてもその意味を理解することはなかなか難しい。

田北　しかし内部の人が研究したら、研究の成果物も表に出てこないんじゃないですか。

江崎　その点では、成果物を過去の物語にして、公表したら国益を損ないかねないところだけを省いて出していくということをやっています。だからアメリカでもイギリスでも、インテリジェンスに関わっている人たちが本を出版するに際しては事前にその機関と相談する仕組みを作っている。公表したら国益を損ないかねないところ以外は、職務上知り得た秘密を踏まえて、インテリジェンス活動について国民に知らせようというわけです。

自国がどのようなインテリジェンス活動をしてきたのか、具体的な記録、テキストがないと、そもそもインテリジェンスの要員の育成ができません。よって我が国も、教育システムも含めてこれからインテリジェンス分野の研究を拡充していくためにもインテリジェンスの研究者を増やすと共に、引退後は政府と相談しながら、その経験を本として出すようにしていきたいものです。また、インテリジェンスの実務を担当した人が各省庁で出世していく構図をつくることも極めて大事です。

安保の企画立案をする発想がなかった以前の官邸

江崎　第2次安倍政権前には官邸に安全保障関係の企画立案を担当する常設の部局がありませんでした。それを外務省と防衛省に丸投げしていたからです。裏を返すと、外務省、経産省、国交省、総務省など、各省庁にまたがる安全保障を考える仕組みがなかった。

田北　とすれば、各省庁にまたがるテーマは官邸が中心にならないと一元的に扱うことはできませんね。

江崎　そもそも官邸には自らが安全保障について企画立案するという発想がなかったのです。これは、官邸が国家レベルで検討すべき安全保障事項に関して無関心だったからだとも言えます。

例えば大量破壊兵器転用技術の保全・保護育成、原子力、宇宙開発、生物・化学テロ対策などに関してはやはり官邸主導でやらなければいけません。生物化学兵器テロ一つ取っても防衛省、警察、厚労省という各省庁、日本医師会が関わる必要があって、自衛隊だけではできないからです。

また、それまでの官邸は例えば核兵器、台湾など特定の情報収集には及び腰でした。もちろん、官邸には内閣情報調査室があり、各省庁の情報が集約されていたわけですが、第二次安倍政権前まではあまりインテリジェンスが重視されてこなかったことや特定秘密保護法も成立していなかったこともあって、官邸に情報が回らないし上がらないというだけでなく、外に漏れるという状況でした。

第2次安倍政権から、これらの立て直しを始めたのです。よって第二次安倍政権からようやく官邸でも軍事機密などインテリジェンスについて本格的に扱うようになったわけですが、そうした変化はマスコミでほとんど報じられません。というのも官邸記者クラブも含めて記者の人たちは、インテリジェンスの基本的なことを教わる機会はないでしょう？

田北　ありませんね。各社、人員削減をする前は先輩記者が後輩にいろんなことを教えていましたが、今はそんなことをする余裕もないほど人が減っていますからね。インテリジェンスに限らず、何かを専門的に学ぶときは記者が個人的に努力してやっていると思います。もともとインテリジェンスの議論は永田町では行われていませんでしたし。

しかしそれでも町村信孝氏はインテリジェンスとインテリジェンス機関の重要性を認識

していた政治家で、２００７年に外務大臣を辞めてから自民党本部でインテリジェンスの問題に本格的に取り組みました。

江崎　町村先生が手がけたのは、国家戦略とインテリジェンス・コミュニティの連携という根幹の問題でしたね。

田北　確かに町村氏のときには、自民党の政治家たちもインテリジェンスに関心を持ち、一時的にすごく盛り上がった記憶があります。でもその報告書は今、自民党本部に眠っていると聞いています。自民党が報告書を表に出してインテリジェンス面に力を入れていれば、インテリジェンス機関に関する記者の関心も高まったと思うので、とても残念です。

記者は、「この時期にはこのテーマだ」となると、それに集中するという傾向があるんですよ。

江崎　１つのテーマを持続して追っていくことがなかなかできないのは、マスコミの宿命でもありますね。

田北　新聞記者はまず日々のことを優先してやらなければいけません。だから、どうしても本質的、長期的な視点が失われてしまうのだと思います。

総理が関心を持てば情報機関の意欲も高まっていく

田北　日本の政治や行政がインテリジェンスをおろそかにしてきたとは言っても、役所の情報関連の機関はけっこうありますね。

江崎　そうなんです。我が国の情報機関には、内調、外務省国際情報統括官組織、防衛省防衛政策局、公安調査庁、外事警察などがあって、政府では内閣情報会議[注1]や合同情報会議[注2]も行われています。

内閣情報会議の開催は年2回、合同情報会議は隔週で開催されてきました。しかし隔週で開催しても報告があるだけでした。

内調が合同情報会議の取りまとめをし、それを総理に上げるのですが、内調メンバーの多くは警察なので、外務省や防衛省の機微にわたる情報を聞かされても、必ずしも理解されるとは限りません。

田北　聞かされても理解することが難しい情報は、聞いても仕方がないということになるのではないですか？

江崎　まさにそうで、結果的に総理には、治安も含めた警察関係の機密情報は上がっても、それ以外の外務省や防衛省に関わる機密情報はなかなか上がらない傾向が強かった。公安調査庁関連の機密情報に関しても同じです。もちろん、警察出身でも外交、安全保障について深く理解し、懸命に情報を集めようとした方もいますので、警察だからダメだという話ではありませんが。

もっと深刻なことがあります。外国からもらっている機密情報を受け取れるのは総理と官房長官だけという場合もあって、その際は「すみません。防衛大臣も席をお外しくださ い」ということになります。

以前は総理と官房長官にしか上げられない機密情報がたくさんあった。

田北　政府の要人たちも必要な情報を共有できなかったのですね。

江崎　しかし第2次安倍政権のとき、２０１３年に特定秘密保護法ができてから、政務官、副大臣、大臣という特別職と各省庁の行政官も機密情報にアクセスできるようになりました。それでようやく各省庁も各国の情報機関からもらった、様々な情報を官邸に伝えられるようになったのです。

さらに第2次安倍政権からは、内調とは別に各情報機関も直接官邸に情報を伝えることが可能となり、公安調査庁などもストレートに官邸に情報を持っていけるようになりました。

その結果、官邸からも「では、この情報についてもっと詳しいことを聞きたい」という指示が逆に下りて来るようになったのです。だから、各情報機関も自分たちが集めた情報が総理、官房長官の耳に入っていることが明確にわかると同時に、総理や官房長官が何を知りたいかもつかめるようになったのです。情報機関の人たちのモチベーションが非常に上がってきたのは言うまでもありません。

田北　自分たちが得た情報が役に立つとわかったら、やる気が出るでしょうね。

最低でも新規に必要な４つのインテリジェンス組織

江崎　今は確かに官邸に情報が上がるようになっています。

田北　第２次安倍政権が情報重視の姿勢を示すようになったからですね。

江崎　けれども我が国のインテリジェンスにはまだ問題が山積しています。

まず国家戦略を策定するために、関係省庁相互間で重要情報を共有して総合的に分析・

判断する情報コミュニティがまだできていません。内調が各部門から情報を収集しているわけですが、それらの情報の評価、アセスメントが十分にできていないのです。例えば、アメリカなどの場合、情報報告には何種類かあります。長期分析（long-term analysis）、傾向分析（trend analysis）、現況分析（current analysis）、警告情報（indications & warning）等です。その類型によって、求められる正確性と速達性の水準が異なってきますが、我が国ではその違いが十分認識されているのか、かなり疑問です。

また、我が国には、情報を一元管理する政府機関がありません。例えば我が国の各情報機関は諸外国の情報機関との間で情報交換を様々な形で行っています。警察とＦＢＩ（アメリカ連邦捜査局）、内調、外務省とＣＩＡ、防衛省情報本部とＤＩＡ（アメリカ国防情報局）などです。こうした情報機関同士の情報のやり取りについて、日本政府内で情報の共有が行われていません。本来ならば国として政府クラウドをつくり、一元管理すべきなのです。

田北　情報の一元管理ができていない弊害の具体的な例はありますか。

江崎　その一つとして、何とも残念な話があります。我が国における安全保障上重要な土地の情報については、米軍の情報機関が、例えば中国人によって米軍や自衛隊の基地に近くの土地が買われているといったことを情報収集・分析しています。その米軍機関に対し、日本側の外務省、自衛隊、外事警察などがバラバラに話を聞きに行くため、担当者は何度も同じ説明をしなければなりません。

しかも日本側はそれぞれの担当者が代わるたびにやって来る。アメリカ側とすれば、「いったい同じ話を何度しなければならないのか」と憤るわけです。

田北　なるほど。しかも日本では担当者の代わるサイクルも早い。アメリカ側としても相手にするのは大変ですね。

江崎　さらに我が国はアメリカ、NATO、フランス、オーストラリア、イギリス、インド、イタリア、韓国、ドイツなどと対外的な情報協定を結んでいるのですが、この情報管理についても一元的に管理、統制する情報機関がない。本来ならば、関係省庁の情報収集・分析部門との情報交換等を監督、統制する官邸直属の中央情報機関が必要なのです。

もちろん内調は情報の集約をしているのだけれども、各情報機関を統制する権限を持っていません。では各情報機関が素直に内調に情報を上げているのかと言うと、必ずしもそんなことはないので、総理にも必要な情報が届かないことがあるわけです。

つまり、各部門や担当者のところで情報が留め置かれたままになります。とすると、各国の情報機関としてはせっかく日本に情報を渡したと思っているのに、なぜ総理が知らないのかと憤慨せざるを得ません。これはいずれ大問題になるでしょう。

田北　総理が当然知っているべき情報を知らなかったという話は、私も聞くことがありますね。

江崎　インテリジェンス活動にはおおよそ「安全保障に関する国内および海外における情報収集活動」「防諜活動（スパイ防止：国家秘密だけでなく民間の機微技術も含む）」「サボタージュ（テロ、要人暗殺、インフラ破壊といった破壊活動）とその防止」「影響力工作（宣伝工作やフェイクニュースを用いて相手国や地域の人びとの心理や認識に影響を与える行為。慰安婦問題など歴史認識問題も含む）」という4類型があります。

だから私は、この4類型に対応すべく次のようなインテリジェンス組織が日本には必要だと考えています。

第一に、外国との情報機関のやり取りを統制し、それをまとめ上げていく中央情報機関です。日本版ＣＩＡということになるでしょうか。

第二に、いまや国際社会でのインテリジェンス活動の主流は、シギント（通信、電磁波、信号等の、主として傍受を利用した諜報活動）です。このシギントを中心とした英米のインテリジェンス同盟の代表格がファイブ・アイズ（アメリカ、イギリス、カナダ、オーストラリア、ニュージーランド）です。我が国もこのファイブ・アイズに入ろうと思うならば、国家シギント機関である「日本版のＮＳＡ（国家安全保障庁）」を創設する必要があります。

第三が、「日本版ＤＣＳＡ（国防防諜・安全保障局）」です。岸田政権が成立させたセキュリティ・クリアランスに対応し、日本の関係省庁や民間企業の事業者、研究者に対して適格性評価を実施する調査機関です。

最後に、国内の総合的な治安維持を担当する戦前の内務省のような機関です。アメリカでは国土安全保障省、イギリスなどではセキュリティ・サービスがそれに該当します。

この件については補足しておきましょう。欧州諸国では、（災害対処を含む）広義の治安を総合的に担当する中央官庁として内務省が存在します。その所管には、警察、セキュリティ・サービス、国境警備、出入国管理や外国人の在留管理、消防を含むのが通常です。内務大臣は、これら諸機関を統括し相互協力関係を確保して総合治安に責任を持っています。ここで言う総合治安とは、単なる刑事司法や法執行を超える国家安全保障を含む広義の治安です。内務省の傘下に必要な諸機能の多くが集約されているために、テロ対策においても、一人の大臣が総合調整機能を発揮することができるのです。

これに対して我が国では、警察庁（国家公安委員会）、海上保安庁（国土交通省）、出入国在留管理庁（法務省）、消防庁（総務省）は全て別の府省に属しており、これら諸機関を統括して総合治安に責任を持つ大臣が存在しません。これは極めていびつなのです。日本で現在問題になりつつある外国人問題についても、出入国在留管理庁が対応していますが、本来ならば、その上位組織として内務省を創設して対応すべきなのです。

なお、米国には欧州型の内務省が存在しなかったため、２００１年９・11同時多発テロ事件を受けてアメリカ版内務省、つまり国土安全保障省を創設しています。

以上のように、日本にも最低でもこの４つの組織が必要なのです。

田北　新規の組織であれば、人材の確保についてはどう考えればいいのでしょうか？

江崎　この４つの組織をつくる際も、現在ある政府機関の統廃合をして、人材を確保していくことになるでしょうね。

例えば、第一の、中央情報機関であれば、内閣官房内閣情報調査室を全面的に拡充していくことになるでしょう。

第二の国家シギント機関であれば、自衛隊のシギント機関を大々的に拡充していく。

第三のセキュリティ・クリアランスに関する適格性評価を担当する情報機関、「日本版のDCSA（国防防諜・安全保障局）」であれば、警察と協力しながら自衛隊の情報保全部門を全面的に拡充するということになるでしょうか。

第四の、日本版セキュリティ・サービス、内務省の場合は、総務省を母体にしながら、官邸の内閣危機管理監をトップに全国の警察、消防などを再編していく、という形になるでしょうか。

あくまで一つの案ですが、現在の各省庁を統廃合しながら、我が国のインテリジェンス機関を拡充していくことになっていくと思います。

情報機関の人間と会う所要時間は総理によって違う

田北　総理個人の関心の度合いにもよりますが、岸田総理はインテリジェンスに対して温度が低いように見えました。あまりギラギラした雰囲気がなかったからですかね（笑）。

江崎　岸田政権には確かにその傾向がありましたね。岸田総理自身がインテリジェンスに対してあまり関心を持っていないように見えましたからね。総理が情報に高い価値を見出していなければ、下も情報を上げなくなるわけです。

田北　どの新聞にも毎日の総理動静が載っています。岸田総理時代の総理動静を見ると、どんな人が官邸に入っても会見が大体20分で終わっていたんです。この総理動静は海外の大使館の人たちもみんな目を通しています。

江崎　安倍総理のときは情報関連の会合は、2時間から3時間はやっていましたね。

田北　そうなのです。安倍総理の場合、総理動静を見たらインテリジェンス関係の人たちとかなり頻繁に会って、しかも長時間話しているらしいというのがわかったわけです。一方で、あえて動静に名前を載せるようなこともしていました。国内外で見られることを意識していたからです。

実際、自衛隊の統合幕僚長などは頻繁に官邸に来ていた。ただし官邸の表玄関から誰が入ったかは番記者もいるし、官邸内では記者クラブに設置されているカメラから確認できるのですが、官邸には裏からも入れるので、裏から入った人はわかりません。

安倍総理はインテリジェンス系の情報に関しては、自分が「これがもっと知りたい」と言って、どんどん宿題を出していたと聞いています。江崎さんが言ったように、情報機関の人たちはみんな、総理から自分たちの情報にすごく関心を持ってもらっているから頑張ろうという気になったのです。安倍総理もその情報を得るためにちゃんと時間を使っていました。

江崎　それで各情報機関は一生懸命にいろんなことを調べるから、安倍総理も微に入り細に入り詳しいことを理解するようになったし、その圧倒的な知識量があったからこそトランプ大統領も頼りにするようになったという側面があるわけです。

田北　さまざまな情報に接していたからでしょう。安倍総理は国会での答弁もいちばんうまかったですね。平和安保法制のときも国会では中谷元防衛大臣ではなく安倍総理がいちばん多く答弁に立ちました。

第2次安倍政権の官邸には情報が豊富に集まったと思います。第2次安倍政権の官邸は優れた人たちの集まりでした。あんな官邸はしばらくは出てこないでしょうね。

江崎　シビアであっても有能な指導者の下には有能な人が集まるのです。やはり、第2次安倍政権のときのチームは出色でした。

田北　かたや岸田総理が官邸で誰に会っても大体20分で終わるのにはびっくりしました。在京の外国大使館も似たようなことを言っていました。とはいえ、岸田政権下でインテルサイドの能力は変わっていないというのが政府高官の評価でした。確かにインテルサイドの人々は国家のために活動をしているのであって、安倍総理だから、菅総理だから、岸田総理だから、というわけではないですからね。

江崎　確かに第2次安倍政権のときと比べて、情報機関の人たちのモチベーションは下がっていたと思います。でも一方で、我が国の安全保障の体制としてはどんどん整備されてきているわけで、オートマチック（自動的）にそれが動くようになってきている。これにはやはり特定秘密保護法と平和安保法制が成立したことで各国のインテリジェンス機関や軍と連携ができるようになったことが大きいと思います。

【注1】内閣情報会議：国や国民の安全に関する重要な情報を総合的に把握するために内閣に設置された会議。内閣官房長官を議長とし、内閣官房副長官・内閣危機管理監・内閣情報官、および情報関係省庁（警察庁・金融庁・公安調査庁・外務省・財務省・経済産業省・海上保安庁・防衛省）の事務次官などで構成される。

【注2】合同情報会議：各情報関係機関の連携のため内閣情報会議の下に設置され、内閣官房副長官（事務）が主宰する関係省庁局長級の会議。隔週での開催となっている。

第5章

米軍を支える自衛隊へ

20年前には日米「対等」を強く否定していたアメリカ

江崎　ここまで日本国内における安保戦略の強化状況について見て来ました。ただ言うまでもなく、日本は「日米安全保障条約」に基づき、アメリカとの連携で国家と国民の安全を守る形になっています。そこでここからは、日本とアメリカの連携について、最新の状況を伝えていきたいと思います。

僕は安全保障の関係で小泉政権時代の２００１年から２００３年にかけて、アメリカの保守系シンクタンクであるヘリテージ財団やハドソン研究所を何度か訪ね、意見交換をしたことがあります。

その中で今でもよく覚えているのは、ヘリテージ財団の安全保障の専門家と話をしたときのことです。僕が日米同盟について「イコールパートナー（対等な関係）」という言い方をしたのです。すると相手から「イコールパートナーとはどういう意味だ。日米が対等だって？　何をふざけたこと言っているんだよ」と怒られたんです。

田北　当時なら怒られてもおかしくはないですね。

江崎　本来なら我が国としては、まず集団的自衛権行使を可能にして、自分の国は自分で守るのはもちろんのこと、アメリカと一緒に軍事作戦をやれるようになってから、初めて「イコールパートナー」と言うべきだったのです。

田北　そう思いますよ。まだ日本はプレイヤーではなかったんですよ。

江崎　まさしくプレイヤーではなかった。ヘリテージ財団の方は「どうせ日本は俺たちに付いてくるしかないのだから、何で俺たちがお前と話をしなければいけないんだ」という感じでした。まあ、態度が本当に冷たかったですね。

田北　大変でしたね。

江崎　とても落ち込みましたね。僕は教育問題のほうにも手を出していたので、その直後、アメリカの教育政策の専門家にも会いました。安全保障の担当者から厳しいことを言われたという話をしたら、彼からこう慰められました。

「アメリカの外交・安保の専門家なんていうのは、他国を全部属国だと思っている。そうやって威張るのが彼らの仕事なんだ。気にするな。もともとあいつらワスプ（白人でアングロサクソン系のプロテスタント）はそういう鼻持ちならない連中だから」

田北　アメリカの軍事力が圧倒的なら、そのアメリカに、威張るなと言うほうが無理でしょう。

江崎　さらに、「アメリカは外交・安保に非常に多くのマンパワーとリソース（物的資源、資金、情報資源など）を割いているから、反面で内政が疎かになって国内は疲弊している。アメリカにはその両面があるが、その点、日本は内政に手厚く、高速道路も穴ぼこだらけではない。学校教育でもハイスクールに麻薬患者が溢れているようなことはない。警察官も殺されないし、秩序がちゃんと維持されている」とも言われました。

田北　日本の治安が悪くなったといってもアメリカほど深刻ではありませんからね。

江崎　最後には「日本が安定している内政をテコに外交・安保にリソースを割くようになれば、瞬く間に力を発揮するようになると思うよ」と励まされました。これが僕にとってはものすごく印象的でしたね。

以前は冷たかった日米首脳会談が10年で一変した

江崎　第2次政権の安倍総理に対しても当時のアメリカはオバマ民主党政権で、本当に冷たかった。２０１３年12月に安倍総理が靖国神社に参拝したら、それに対してアメリカ政府は、オバマ政権のバイデン副大統領の指示で「ディサポイントメント（失望）」を表明しました。

田北　あり得ない失礼な反応です。

江崎　実は安倍総理が靖国神社に参拝するにあって、事前に安倍総理の側近がオバマ政権に「国のために亡くなった方々をお祀りしているところにお参りするのであって、軍国主義を高揚する意味も中国を挑発する意味もない」ということを丁寧に説明しに行っていたのです。そのうえで、安倍総理は靖国参拝に行った。にもかかわらず、アメリカ政府の反応は「失望した」だったのだから、当時のオバマ政権の冷淡なことは、この上もなかったですね。

田北　それには中国によるアメリカに対する働きかけも効いていました。「安倍はタカ派でとんでもない。歴史修正主義者だ」というような刷り込みが、中韓からアメリカに相当行われていて効果を発揮したわけです。

江崎　あのころは、米中関係は良好だったうえに、日米関係は鳩山民主党政権の影響で冷え込んでいましたからね。

田北　それにこの首脳会談の場合、２０１２年12月に第２次安倍政権が発足した直後から打診しても、アメリカはすぐには応じてくれませんでした。２０１３年2月になってようやく初めての首脳会談が実現したのですが、その時間は会談とランチをあわせてわずか1時間45分でした。この首脳会談には当時、防衛省から出向して総理秘書官だった島田和久氏も同行していました。

島田氏はその後、先に紹介した通り防衛事務次官になり、今は日本戦略研究フォーラムの副会長を務めています。先日、同フォーラムのシンポジウムがあったとき、挨拶で島田氏は初めての首脳会談を振り返り、「会談当日の朝、ワシントンにはとても冷たい雨が降っていました。まるで当時の日米関係の冷たさをそのまま表しているかのようでした」と言った後で、「しかし今や日米はこんなにも緊密になっています」と言葉を重ねて、本当に感慨深げでしたね。

江崎　安倍総理とオバマ大統領の最初の冷たい首脳会談から10年ちょっとで日米関係がここまでよくなってきたというのはやはりすごいですよ。それも、我が国が自前の国家安全保障戦略をつくり、「自分の国の命運は自分で決める」と定めて、縦割行政を改革し官邸主導政治を実行したからだと思いますよ。

田北　安倍政権でもう１つ指摘しておきたいのは、オバマ大統領が２０１６年の伊勢志摩サミットで日本に来て、その後、広島に行ったことに関してです。この見返りに安倍総理が真珠湾に行ってオバマ大統領に会うのではないかという話がありました。けれども安倍政権は、オバマ大統領の広島訪問と安倍総理の真珠湾訪問を明確に切り離したのです。

つまり、日本はそのようにアメリカに対して、毅然とモノを言える立場になったのでした。私も目の前で見ていたけれども、伊勢志摩サミットでは最後にはオバマ大統領も安倍総理と本当にしっかりと握手をしました。道程は長かったけれども、すごいと思いましたね。

日米グローバルパートナー演説に喝采した米国会議員

田北　日米関係で日本の立場が強くなったのは政治関係者なら誰でも知っています。でも日米の一般の国民にそれがはっきりとわかったのは、やはり2024年4月に岸田総理がアメリカ連邦議会で行った演説ではないでしょうか。

江崎　まさにそうです。岸田総理が連邦議会の演説で「日本はかつてアメリカの地域パートナーでしたが、今やグローバルなパートナーとなったのです」と発言したとき、アメリカの上下両院の議員たちのほとんどが立ち上がって拍手喝采をしました。
岸田総理がどういうつもりで言ったのかはともかく、僕はそのとき、日本の立場が強くなったのを実感しましたが、同時にアメリカも落ちぶれたものだなとも思いましたよ。だって日本の総理から「グローバルパートナー」と言われて、アメリカの国会議員たちが喜んでいるのですからね。ヘリテージ財団での僕の体験からは考えられないことでした。

田北　やはりアメリカ人にも本当に自分たちは落ちぶれたという認識があるんでしょう。

江崎　20年前なら日本が「グローバルパートナー」なんて言ったらアメリカ側から「寝言を言うんじゃない」という反論がされていたと思いますよ。喩えは悪いかもしれないけれども、ある小さな国の元首が日本にやって来て、「我が国は、日本の対等の同盟国としてあなたの国を支えます」と言ったら、日本人が拍手喝采するでしょうか。

田北　苦笑いするしかないですね。

江崎　せいぜい「まあ、頑張って」という反応でしょう。
今回、岸田首相の「グローバルパートナー」発言にアメリカの議員が真面目に喜んでいた姿が、この20年の日米関係の大きな様変わりを如実に示しています。だから20世紀からずっと日米関係を見ている人や安全保障に関わってきた人は、ここまで日米関係が緊密になるのか、日米関係が変わったのかと、信じがたい思いをしているでしょう。

田北　時を経て、今や日本も世界的なプレイヤーになりつつあります。もちろんまだやらなきゃいけないことはたくさんありますが。とはいえ、全体としてアメリカの軍事力が急速に落ちてきている中で、その落ちた不足分を日本が補完しようとしているわけです。だからアメリカも、日本は非常にありがたい存在だと思ってくれるようになったのでしょう。

江崎　極端な保守派はよく「日本はアメリカの言いなりだ」と言いますが、この10年、我が国はアメリカを懸命に説得してきたんですよ。

米製造業の衰退によって浮上してきた日本の防衛産業

江崎　2024年1月、バイデン「民主党」政権はアメリカ歴史上初めて防衛産業をどう発展させていくのかを定めた国家防衛産業戦略（National Defense Industry Strategy：NDIS）を策定しました。

田北　アメリカには今まで、防衛産業戦略というものがなかったのですね。

江崎　１９８０年代まではアメリカの防衛産業、正確に言えば製造業は圧倒的に強かった。でも１９９０年代半ばのビル・クリントン民主党政権以来、アメリカは別の国になってしまいました。防衛産業より金融やＩＴに力を入れるようになった。しかも21世紀に入ると、製造業を中国に丸投げして製造拠点を次々に中国へ移してしまったものだから、アメリカの防衛産業の衰退にも拍車がかかったんですよ。２００１年の９・11テロ以降、アメリカの国家安全保障戦略が「テロとの戦い」を最優先課題とするようになったため、テロ組織相手の小型兵器や通信システムの開発を重視するようになり、大国相手の軍艦、潜水艦、ミサイルの生産・開発を怠るようになった点も大きいですね。

田北　空洞化していますね。

江崎　アメリカでは、急速に熟練工が減ってきています。ウクライナ戦争という局地戦に対してでさえ、アメリカは武器・弾薬の供給を十分にできなくなっています。第２次世界大戦のとき、アメリカは「民主主義の兵器庫」（フランクリン・ルーズベルト大統領）、ヨーロッパ戦線全部の武器庫を担当していたことを考えると、隔世の感があります。

田北　日本に対して「ミサイルをつくって売ってくれ」とも言っていますね。

江崎　日本からも武器を買わないといけないくらいアメリカの防衛産業は、生産能力が低下してしまっているのです。だから、アメリカ政府としても、自国の防衛産業をどう復活させていくのかを考えないといけなくなりました。

アメリカだけではありません。イギリスも戦闘機を自前で開発できなくなったため、日本と共同開発することになりました。逆に言うと、日本の製造業は落ちぶれたと言われることもありますが、それは相対的な問題で、世界的に見れば、日本の製造業はまだまだ大したものなんです。

田北　それはうれしいですね。

江崎　我が国には製造業のベースもインフラもきちんとまだ残っています。バイデン政権の国家防衛産業戦略でも、技術大国日本の力を借りなければいけないという意味で、同盟国の力を借りると言っています。

田北　日本抜きではその戦略の現実性がなくなるということですね。

江崎　我が国はＩＴ革命に乗り遅れたわけですが、結果的にものづくりが残りました。それが今や強みになっているわけです。

田北　でも昔と比べると、日本のものづくりも以前ほどの強さはなく、ものづくりという言葉もあまり聞かれなくなりました。それでも最近になって、TSMCの誘致などで日本の製造業も少し元気が出てきましたね。

江崎　製造業の会社の給料が高くなれば、そちらにみんなも行くようになりますよ。もっとも、ものづくりと建築業は理系が中心ですが。

田北　理系の人材育成という点で言うと、工業系の高校は、東大や京大に受かるような生徒の多い普通高校よりもやはり偏差値は下がりますが、日本のものづくりを大事にしたいなら、工業系の高校をけっして淘汰してはいけませんよ。むしろ高専とあわせて強化していかなければならないと思います。

江崎　安倍総理も「ものづくりが大事だ」と言い続けていました。

熊本ではTSMCの関連企業間で工業系の高校、専門学校、そして大学の卒業生の奪い合いになっています。これから我が国の防衛産業の関連企業でも同じことになるでしょう。工業系の卒業生をできるだけ増やしていくことも、我が国の防衛力強化にとって不可欠ですね。

日本の後方支援体制に頼らざるを得なくなった米軍

江崎　話は変わりますが、「日本が国家安全保障戦略をつくるのをアメリカが妨害してきたのだ」と思っている人がいますが、誤解ですよ。むしろアメリカ側は我が国に対して、安保戦略をきちんとつくって運用してほしいと、ずっと求めてきました。にもかかわらず、日本側がやってこなかったのです。

田北　それが今やアメリカに「こうしてほしい」と説得する立場になりつつあるんですね。

江崎　地理的な問題から、医療や燃料などほぼすべてにわたって我が国が後方支援をしなければ、アメリカは東アジアで戦い続けることはできません。僅か数日の紛争ならば米軍だけで対応可能でしょうが、ウクライナ戦争のように長期間にわたる場合が想定されていて、こうした長期間の戦争というのは後方支援、つまり燃料、弾薬、被服、医療、食料など膨大な物量があってこそ継続できるのですから。

田北　中国は日本の南西諸島から台湾、フィリピンへと連なるラインを「第1列島線」

と一方的に呼んで軍事上の要衝と定めています。第1列島線には日本列島にほぼ重なっているのだから、日本が後方支援するのは当たり前です。この後方支援ができるようにしたのが、安倍政権によって2015年に成立した平和安全法制でした。

江崎　そういう形で日本が米軍を支える体制を構築してきたから、アメリカも日本の立ち位置を尊重せざるを得なくなったのです。

しかし今でも覚えていますが、第2次安倍政権が発足する前は、国際社会の中では「沈みゆく日本」と言われていたのです。

我が国の隣は「昇りゆく中国」がありました。そこで第2次安倍政権ではアベノミクスによって長引くデフレからの脱却を目指し、TPPで日本主導のアジア太平洋経済圏をつくることに相当努力しました。まさに第2次安倍政権はアベノミクスとTPPを、国家戦略の一環として位置付けたのです。

アメリカ人が認めるのはお金と力なので、我が国は特に経済面での強みを活かしながらアメリカを説得し連携を強めてきたわけです。

統合作戦司令部で日米の緊密な協力体制が築かれる

江崎　2022年12月に閣議決定された国家防衛戦略において、常設の統合作戦司令部が設立される方針が示されました。

田北　その統合作戦司令部というのは、陸上自衛隊、海上自衛隊、航空自衛隊の一元的な指揮を行い、トップには統合作戦司令官が置かれます。令和6年度の防衛白書が、その意義をわかりやすく説明しています。

「統合作戦司令部を新設することで、陸・海・空自による統合作戦の指揮などについて、平素から統合作戦司令部に一本化することができる。また、平素から領域横断作戦の能力を練成することができるため、統合運用の実効性が向上し、迅速な事態対応や意思決定を行うことが常続的に可能となる」

自衛隊が運用に関する指揮系統の態勢をきちんと整えた、ということを押さえておきたいと思います。

江崎　その統合作戦司令部の設置場所としては、陸海空の各自衛隊がそれぞれの拠点の近くに統合作戦司令部を置きたいという狙いもあり、陸上総隊司令部が置かれる朝霞駐屯地（埼玉県）、航空総隊司令部や在日米軍司令部がある横田基地（東京都多摩地域）、自衛艦隊司令部や米海軍第7艦隊第70任務部隊の母港である横須賀海軍施設がある横須賀基地（神奈川県横須賀市）の三つが候補地になったわけですが、2023年8月31日に、統合作戦司令部を2024年度末に市ヶ谷に設置する方針が防衛省から示されました。ただし、日米両国が作戦面で緊密に連携するとなれば、横田基地に置くべきだったように思います。

田北　元空将の織田邦男氏も「統合作戦司令部は本来、日米の制服組同士の関係で在日米軍の横田基地なりに置くべきだろう。しかし市ヶ谷に置くのは防衛省の内局が管理したいからだ」と言っていました。

江崎　防衛省・自衛隊内部での、内局（背広組）と自衛隊（制服組）の対立は有名で、内局が不当に制服組を押さえつけてきたとも言われてきました。しかし内局の状況もずいぶん変わってきました。昔は制服組を監視するのは内局の役割だと言っていましたが、今や制服組を監視する場合ではなくなってきています。防衛省の役割が拡大したことを受けて、内局が対応しなければならない仕事が増え、制服組を監視するよりも、制服組と連携して対応しなければならなくなってきていますからね。

ところで、日米の連携とは言っても、日本人の大半は実は在日米軍の実態についてはよく知りません。日米安保条約に基づいて日本を防衛する義務があるのは米海軍と米海兵隊なのです。キャンプ座間（神奈川県座間市・相模原市）の米陸軍は日本防衛の義務はなく、これまで国連軍として朝鮮半島有事に備えてきました。

田北　けれども米軍も近年、世界的な再編を進めていますね。

江崎　米陸軍についても中国の軍事力が拡大してきたためにオバマ政権末期からトランプ政権にかけて、中国、台湾情勢に対応する方向へ動いてきました。それまで在日米陸軍は朝鮮半島有事対応に専念していたのですが、在韓米陸軍とともに北朝鮮プラス中国の脅威に備えるということになったわけです。

例えば、米陸軍は地対艦ミサイル部隊を日本に展開する訓練を陸上自衛隊と一緒に始めました。これはミサイル防衛とミサイル反撃能力の訓練で、北朝鮮有事だけではなく中国有事あるいは台湾有事でもミサイル部隊を運用するものです。

だから、朝鮮半島や台湾の有事に日米両軍が協力して対応できるようになろうということから日本が統合作戦司令部をつくり、それに対応して米軍も再編成を進めようということとになったわけです。２０２４年7月28日に開催された日米安全保障協議委員会（日米「２＋２」）でも、日米それぞれの指揮・統制の向上（在日米軍の再構成、自衛隊統合作戦司令部と米軍とのカウンターパート関係等を協議する作業部会の設置）が合意されました。

つまり、２０２４年の年末に統合作戦司令部ができると、そこに日米共同作戦の部門も設置されて、アメリカ側の陸海空海兵隊の４軍と日本側の陸海空がどのように連携するのかという枠組みもできます。

これまでの日米の軍事面ではアメリカ太平洋艦隊（海軍）と日本の海上自衛隊、アメリカの海兵隊と日本の水陸機動団も含めた陸上自衛隊との関係だけしかなかったのですが、そのスキームができると米陸軍と日本の自衛隊の関係も劇的に変わっていくはずです。

実戦演習に必要な「戦える自衛隊」への国民の許容

江崎　このような状況で「富士総合火力演習」が２０２４年5月26日に行われました。今回は離島防衛も含めて実践的な演習をやるとされていたのです。でも、それは正確ではありません。

本当の戦場では地元住民やいろんな人がいて通信と電力が途絶した状況の中で戦うことになります。とすれば実際には、通信と電力が途絶したときに通信と電力をどう復旧させて戦い続けることができるのかという訓練が必要です。しかし現時点では、自衛隊はそういう訓練をやることができません。理由は簡単で、通信は総務省、電力は経産省というように管轄が違うため、防衛省だけでは本当の戦場を想定した訓練ができないのです。

防衛省主体、自衛隊主体の演習には限界があります。本当の戦場を想定し各省庁の枠を超えた国挙げての演習に変えなければダメなんです。そういう演習ができていないので、いざというときには本当に役に立つのか、かなり疑問です。

田北　富士総合火力演習は戦闘に備えた演習ではないというわけですね。

江崎　もちろん、自衛隊の戦車を始めとする個々の練度、技量を内外にアピールするという点では意味がありますが、それが本当の戦争に役に立つのかと言えばかなり疑問です。

田北　リアルなら戦車はいきなり走れませんよね。そこに人が飛び出したり、道路が陥没したりとか、いろいろあるでしょう。

江崎　各省庁と連携して実際に戦場となる可能性がある南西諸島の市街地、港湾などでの軍事訓練もやらなければいけないわけですが、マスコミから猛反対されることは目に見えていて、とてもそこまで行っていません。

田北　そうなんですね。

江崎　実はアメリカ側にも、今のような自衛隊の演習に対して疑問視する声があるんです。同盟国のことですから、表立っては言いませんが。

アメリカ側でも「通信も電力も途絶した状況の中で日米でどうやって戦うかというものでなければ実戦の演習でない」と言う人はいるわけです。当然ですよ。現代の戦争はサイバー攻撃で通信環境を麻痺させるところからまず始まるわけだから。

田北　私も同じような話を聞きました。自衛隊とある国の空軍が千葉の百里基地で演習をした後、相手国の空軍の将校が「普通は訓練をやったら死人が出るが、日本と一緒に訓練やっても死人が出ない」と言ったというのです。日本の場合、訓練によって1人死んでもメディアが大騒ぎするので、死なせられません。誤解してもらっては困りますが、訓練で死亡事故があることをよしとしているわけではありません。でもこの将校によれば、それで訓練になるのかということなんです。

江崎　訓練にはなりませんよ。

かなり前から、自衛隊と米軍はアメリカでも合同演習をやるようになっています。しかし自衛隊が参加できない演習もあるのです。

例えば、米海兵隊がアメリカ・カリフォルニアの軍事基地で、敵地の海岸へ上陸する演習をやっています。当然、待ち構えている敵は沿岸部にミサイルを撃ち込み、戦闘ヘリ部隊で急襲を仕かけ、上陸部隊をせん滅しようとします。同時にサイバー攻撃も仕かけてくるのです。そういう攻撃をどう凌いで上陸作戦を成功させるか。

この演習は模擬弾ではなく実弾を使う場合もあります。当然、ケガ人や死者が出ることが想定されているわけです。

田北　それが本来の演習ということですね。

江崎　だから、その演習には自衛隊は参加できません。

田北　自衛隊員が死んだらまずいですからね、政治的に。

江崎　日本側が危険な訓練に参加しようとしないので、アメリカ側は「自衛隊とはまともな訓練ができない」という報告書を書いて日本側に渡したことがあるという話を聞いたことがあります。けれども、日本政府は犠牲者の出ることを恐れて危険な軍事訓練のゴーサインを出してこなかった。

田北　とはいえ、それは結局、自衛隊は本当に戦えるのかという大きな疑問に行き着いてしまいます。

江崎　国民の側としても「戦う自衛隊」を支持するということは、自分の身内に犠牲者が出ることも覚悟することを意味します。そして犠牲者とその遺族には当然、手厚い処遇をするということも最低限やらなければいけないんですが、必ずしもそうはなっていません。

田北　さはさりながら、自衛隊員が命懸けで訓練していることも事実です。自衛隊員が死とどう向き合うかについては、月刊『正論』２０２４年8月号に先述した織田元空将が「自衛隊の事故と隊員の死生観」を書いています。隊員の死に我々がどう向きあうべきかを考えさせる内容です。これは多くの人に読んでもらいたい論考です。

日本の防衛力強化はいい方向に行っているのだけれども、同時にまだまだ見直さなければいけないこと、やらなければいけないことがたくさんあります。

江崎　そうした中で２０２２年10月22日、岸田政権が設置した「国力としての防衛力を総合的に考える有識者会議」第2回会合に、防衛省が提出した資料『防衛力の抜本的強化』には、「相手の能力に着目した防衛力」「真に戦える防衛力」という言葉が明記されています。「真に戦える防衛力」とは犠牲者が出ることを想定した自衛隊になるということも意味します。これもすごいことで、従来、防衛省の内局は「戦える自衛隊なんて、ふざけるな」と言って排除してきた概念です。

田北　岸田政権が決めた以上、内局ももう「戦える自衛隊」を否定できない。

江崎　そうですが、現実は簡単ではありません。10年ほど前、米海軍や海上自衛隊をはじめ各国の海軍によるリムパック（環太平洋合同演習）が行われたとき、僕はハワイにいました。そこで米海軍の人に「日本の艦艇の甲板はピカピカだ」と言われたんです。

田北　日本の艦艇はきれいに磨いていますからね。

江崎　実はそれが問題なんです。軍艦での戦闘はミサイルや砲弾などの攻撃で甲板が血の海になります。血の海だと滑るため、戦いでは事前に甲板に砂を撒いておかなければなりません。砂があれば血だらけになっても滑らないから歩けます。それこそ軍艦の甲板であり、ピカピカにしているなんてあり得ないのですよ。

田北　なるほど。日本の艦艇では血で滑ることが想定されていないということですか。国民も軍は常に死と向き合っているのだと理解していないと、そんな想定はとても無理ですね。

政治が国民の意識を変えようとしても、むしろ「何を言っているんだ。若者たちを戦場に行かせるのか」と叫ぶような人たちの扇動に国民は安易に流されかねません。

江崎　我が国が安保3文書を出し、脅威に立ち向かう、戦える自衛隊になるという方向へと舵を切ったのに対して、国民の意識が追いついていないというのが現状なんです。

アメリカは落ちぶれてきていても侮れない力がある

田北　数年前に某駐日大使に呼ばれて、他紙の記者数人と私で会ったことがありました。このときWTO（世界貿易機関）の話が出て、中国特派員を経験した一人が「アメリカは、中国はルールを変えるといって中国を批判しているが、アメリカも結局、自分の都合でルールを変える。実はあの2ヵ国は同じなんですよ」と言っていました。

それで私も、アメリカにいたときに中国人とアメリカ人はよく似ているなと感じたことを思い出しました。両国の言語は文法の構造も似ているし、自分たちファーストだから、外交でもアメリカ人と中国人は異なることも多いけど嚙み合うわけです。

江崎　自分たちはルールを作る側だという点では、同じですからね。

田北　その話を聞いて、ああ、そうか、米中はルールメーカーであると同時にルールブレーカーでもあるんだ、と納得しました。だからこそ安倍総理は、アメリカに対してルールを守ることを要望し、かつ「ルールを守る」と言わせたわけです。

江崎　しかも、我が国もルールメーカーになるぞと決意していた。

田北　はい。安倍総理の考えに納得したところはたくさんありますが、日本がルールメーカーになるというのもその１つです。

確かに今のアメリカはかつてに比べて落ちぶれたとは思いますが、私はアメリカのことを侮ってはいません。

江崎　同感です。

田北　アメリカで高等教育を受けた者として１９８０年代後半から90年代の輝かしいアメリカに戻ってほしいと思っています。今のアメリカは分断が深刻で本当に悲しい。けれども、地力は侮れないものがあって、驚くほどドラスチックな転換ができる国なんです。それを侮ってはいけない。

江崎　１９８０年代のアメリカは黄金時代と言われています。でも、そのレーガン政権のときに「ネーション・アット・リスク」というレポートが出されたのです。「危機に立つ国家」という意味で、当時のアメリカの学校現場は校内暴力、麻薬、銃などで荒れ果てて悲惨な状態でした。この教育現場を立て直さないと本当にまずいというレポートです。
だから確かにアメリカの内政はずっと危機にあります。でも一部のエリートたちが死に物狂いで、アメリカを立て直すぞ、危機を挽回するぞとやり始めたときのアメリカの瞬発力、回復力は凄まじいと思います。

田北　そうなんですよね。

江崎　アメリカは人口も経済も大きいし、一部の都市部が荒廃しているからと言ってそれがアメリカのすべてではない。一部の都市の荒廃ぶりだけを見てアメリカは終わった、衰退していると言い募る人たちがいますが、いまなおアメリカは世界最大の軍事力とインテリジェンス能力を持っているわけで、決して侮るべきではありません。

第6章

中国の脅威を正しく直視する

米中関係の中身を知るためにも中国からの情報が重要

江崎　この章では、安保戦略上とても重要な「敵を知る」ことを考えていきましょう。現在、日本にとって最大の「敵」は中国共産党政権だと言えましょう。この中国に関して、第2次安倍政権では表立って対立するのではなく、パイプを築くことを重視していました。

その理由はというと、まず国内政治力学から見ると、中国とのパイプが太い公明党が連立与党、中国との関係が深い二階俊博先生が自民党幹事長でした。連立与党と自党の中核が中国との関係を重視しているなかで、中国と敵対的な姿勢をとれるはずもない。対外的にも第2次安倍政権発足時のアメリカはオバマ民主党政権で、どちらかというとパンダハガー（親中派）が多く存在し、ドラゴンスレイヤー（対中強硬派）が少なかった。

こうした内外の政治力学を見据えて第2次安倍政権では、アメリカの親中派による「米中結託」で我が国が挟み撃ちにされないよう、アメリカだけではなく中国からも情報を取り続けておく必要がありました。同盟国アメリカから梯子を外されてはたまらないですからね。

田北　よくわかります。安倍政権では「米中は表では対立しているけれども、いつ水面下で手をつなぐかわからない」という警戒感は常に言われていました。

江崎　安倍総理は、複眼的な思考の政治家でした。米中首脳会談の本当の話なんてオープンにはならないのだから、我が国が生き残っていくために、米中首脳が実際は何を話しているのかという情報を双方から得なくてはならないと考えていました。

現にアメリカの政治学者で、１９８０年代から米中軍事協力の実務を担当してきたマイケル・ピルズベリーから「オバマ政権までは、米中で議論する政府間協議の枠組みが50以上あった。その中には、米軍の最新鋭の技術開発状況を中国に教えるものもあった」と聞いています。ある意味、オバマ政権までのアメリカは日本とは比較にならないぐらい親中派に牛耳られていたんです。

田北　オバマ政権のときにはそこまでやっていたんですね。

江崎　もちろん、50以上の米中の枠組みには、日本は入っていません。つまり、米中両国は裏で頻繁にやり取りしていて、そのやり取りから我が国は外されていたんです。

田北　その結果として、アメリカが今の中国のようなモンスターを育ててしまったわけですね。

江崎　2018年、アメリカのトランプ共和党政権当時、マイク・ポンペオ国務長官は、われわれアメリカが中国をフランケンシュタインに育ててしまったと、自戒を込めて演説していますね。要は中国共産党政権という怪物を育てたのはほかならぬアメリカだったというわけです。

田北　日本も愚かなことをたくさんしたけれども、アメリカも同じですね。

江崎　同じどころか、アメリカはもっとひどい。何しろ中国人民解放軍に最新の兵器、軍事技術を供与してきたんですから。さすがにアメリカもトランプ政権になって50以上の枠組みの大半を廃止して、今残っているのは3つぐらいだと言われています。

逆に言うと、米中はオバマ政権までズブズブの関係でした。幸いにして第2次安倍政権はオバマ政権のときに発足したので、米中結託の状況を目の当たりにすることになり、中国だけではなくアメリカにも警戒心を持たざるを得なかった。

現在のアメリカは超党派で中国警戒論が主流になっていますが、だからと言って中国と裏取引をする勢力がなくなったわけではありません。よって米中結託の可能性を念頭に日本は日本の国益に基づいて中国とのパイプも築いておかなければならないわけです。

人民解放軍の研究と分析を日本は長く怠ってきた

江崎　先にも指摘しましたが、１９７６年、三木武夫政権のときに基盤的防衛力整備構想といって脅威とは関係なく、ＧＤＰ１％の枠内で防衛力を整備するということになり、脅威分析を怠るようになっていきます。このため中国人民解放軍がいかに脅威なのか、という点についても研究が十分に行われてきませんでした。

田北　中国という国を知るとか、中国の文化を知るといった研究はできるでしょう。

江崎　そもそも我が国の国是は専守防衛で、自衛隊の海外派兵は禁じられていましたので、中国を含む海外についての研究もそれほど重視されてきませんでした。防衛大学校の平松茂雄先生だけが、細々と中国人民解放軍の海軍の分析をやっているくらいでした。平松先生も我が国では完全に孤立していたんです。

田北　残念なことに、平松先生は異端扱いをされていたといってもいいでしょう。

江崎　２０００年代に入って、中国海軍の分析をやらないとまずいのではないかと考える海上自衛隊の幹部も出てきたのですが、これもうまくいきませんでした。

というのは、中国政府、中国共産党の公開情報が少なかっただけでなく、海上自衛隊には中国語を理解できる人員がほとんどいなかったからです。そこでやむなく中国語ができて、中国に土地勘があるということで中国残留日本人孤児の人たちを使おうとしたものの、今度は軍事知識がないため、うまく行かなかった。外国の軍事のことを理解するためには、言葉ができて相手の国の歴史を知って軍事用語がわからなければなりません。

田北　そういう人材はなかなかいません。

江崎　要は中国語を理解できる分析官も少なく、人民解放軍の実情について詳しく調査できていないにもかかわらず、自衛隊全体の空気としては中国海軍をおもちゃの兵隊だと言ってバカにする傾向が続いていました。

田北　私は、中国海軍の原点を描いた、米シンクタンク「戦略予算評価センター（CSBA）」上級研究員、トシ・ヨシハラさんの著書『毛沢東の兵、海へ行く——島嶼作戦と中国海軍創設の歩み』（扶桑社、2023年）を翻訳して、中国海軍の恐ろしさを認識しました。人民解放軍海軍は大日本帝国海軍と比べたら全く大したことがないように思えるのですが、やったことをつぶさに見ていくとすごいのです。

江崎　だから、そんなおもちゃの兵隊をあまり研究する必要もなかった。もちろん、一部の心ある自衛官たちが自主的に中国に対する情報収集や分析をしていましたが、それは公的な動きではありませんでした。

公的機関、具体的には防衛省のシンクタンクである防衛研究所が中国軍の研究に力を入れ始めたのは民主党政権になってからでした。当時の民主党政権には長島昭久氏らがいて、自民党と違う外交・安保政策を打ち出そうとしたことから、防衛研究所が中国人民解放軍の研究を本格化させることになったわけです。防衛研究所が中国人民解放軍に関する軍事報告書『中国安全保障レポート』を初めて出したのも２０１０年、菅直人民主党政権のときでした。

田北　そうなんですか。知らなかった。

江崎　ようやく防衛研究所でも人民解放軍に関する研究が始まり、第2次安倍政権になって国家戦略をつくりました。ただ、そのときは公明党と二階幹事長の手前、中国を脅威だとは言えませんでした。

田北　第2次安倍政権でさえ躊躇したのですね。

江崎　国家安全保障戦略において中国を明確に脅威と位置付けたのは２０２２年の岸田政権のときでした。中国に配慮する国内の政治勢力を説得するのに10年かかったわけです。

もちろんその前から、人民解放軍の動向を詳細に分析すべく国家安全保障局長の北村滋氏らが自衛隊の情報部門と組んで、台湾と連携を深めて人民解放軍に関する情報やノウハウを集めるようになったと聞いています。特に第2次安倍政権になってから、自衛隊の情報部門が公用パスポートで台湾を訪問できるようになったことは大きな変化だと思います。

ともかく中国については、中国共産党指導部がどういうことを考えているのか、どういう哲学やどういうドクトリンを持っていて、人民解放軍の実力はどの程度のものなのか、歴史的背景を含めて徹底的に情報を収集し、分析していく必要があります。

田北　それで忘れていけないのは、やはり中国共産党と人民解放軍海軍の究極の目的が台湾の奪取だということです。台湾は中国にとって唯一解放されていない土地です。それを考えたときには、台湾併合を達成するまで脅威はずっと続くと思います。〈脅威＝意図×能力〉ですね。

中国の軍事能力はこのまま拡大していくので、習近平がいなくなれば台湾併合の意思もなくなるというわけではありません。中国共産党は存在し続けますし。

江崎　中国共産党のDNAが台湾併合ですからね。

その中国の脅威に立ち向かうにあたっては、これも安倍総理の基本的な考え方ですが、「中国をけしからん」と言って中国を非難するのではなく、中国を脅威だと思っている国同士の連携を強める、言わば対中同盟国を増やすことが我が国のこれまでの戦略です。口先で中国をいくら非難しても中国にとっては痛くもかゆくもないですからね。よって具体的にはアメリカとの同盟関係をもっと強化し、オーストラリア、イギリス、フランス、カナダ、インド、フィリピン、ベトナムといった国々を味方につけていこうというわけです。ある意味、戦後の一国平和主義から、集団的自衛体制へと、対外戦略を変更したわけです。

国共内戦後に台湾併合のために創設された中国海軍

江崎　トシ・ヨシハラ氏の『毛沢東の兵、海に行く』には、米海軍の人民解放軍研究についても書いてありますね。

田北　著者のヨシハラ氏は日本生まれの台湾人で、アメリカで高等教育を受けて、米海軍大学で教授を長年務めました。中国の海洋戦略研究でアメリカ有数の権威とされています。

近年、人民解放軍については多くの文献が公開されるようになりました。それに関してヨシハラ氏は「文献を公開していいというのは、中国側の自信の表れだ」と書いています。ただし最近になって、公開されていた文献がまた非公開になっているという動きが出てきたという指摘もあります。

ともあれ、中国海軍の歴史を知るというのは、まさに「敵を知る」ことにつながるわけです。

ヨシハラ氏はずっとこう言っています。「1949年と1950年に人民解放軍海軍は金門島と海南島の攻略に乗り出した。そのうち海南島は成功したものの、金門島は失敗した。この2つの経験は今でも中国海軍に語り継がれている」

今の中国の国防大臣は海軍出身なんですね。まさに今、中国が海に展開しているときに嵌めこんだ国防大臣人事だと思います。

江崎　『毛沢東の兵、海に行く』を読んで初めて知ったんですが、島嶼作戦を行う中国海軍はそもそも台湾併合のために創設されたんですね。

田北　はい。加えて、国を守るために敵を接近させないというのが中国の方針なのです。

江崎　Ａ２／ＡＤ（近接阻止・領域拒否）戦略ですね。今の中国としては、第１列島線への米軍の接近を阻止し、第１列島線の内側で米軍が自由に行動することを拒否する。

田北　まさに第１列島線のＡ２／ＡＤ戦略も含めて敵を本土に近寄らせないことが、中国の最重要課題なのです。そのためにまず中国海軍があるんですが、中国海軍の出自はもともと陸軍なんです。

大東亜戦争に敗北した日本軍が撤退した後、中国大陸では蔣介石の国民党と毛沢東の中国共産党との内戦が起こりました。国共内戦です。勝勢となった中国共産党の野戦軍（陸軍）は蔣介石を追いかける過程で海に出てくるわけです。それで『毛沢東の兵、海に行く』というタイトルになっているのです。

江崎　中国海軍は国共内戦の延長線上で生まれた。中国国民党との戦いに備えることと台湾奪還という両方の目的が中国海軍のＤＮＡということですね。

田北　そうなんです。

人民解放軍は弱いからこそ強い相手に立ち向かう

江崎　現在、米中両国は激しく対立していますが、実は1972年のニクソン大統領訪中からオバマ民主党政権までの約半世紀、中国はアメリカの準同盟国だったのです。

こうした半世紀にわたる米中「結託」を覆し、「中国はアメリカの敵だ」と明確に国家戦略を転換したのはトランプ共和党政権の2017年でした。今からわずか7年前のことで、それまでは準同盟国なので、実はアメリカも中国のことをあまり軍事的脅威だとは思っておらず、人民解放軍の分析も怠ってきたのです。

オバマ政権のとき、太平洋地域を担当する米太平洋軍司令官は驚いたことに、「アメリカにとって最大の脅威は気候変動であって、中国ではありません」と言っていました。

2012年には中国人民解放軍がショート・シャープ・ウォー計画という台湾・尖閣奪還作戦を立案して秘密裏に軍事演習を行いました。それを知った米海軍情報部のジェームス・ファネルという人物が「この事実を同盟国である日本にも伝えるべきだ」と進言したのに対し、オバマ政権からの反応は「ノー」だったのです。仕方がないのでファネルは、カリフォルニアでのあるシンポジウムで中国海軍の軍事演習のことをリークしたために大騒ぎになり、結局、それでファネルはクビになってしまいました。このファネルは『毛沢東の兵、海に行く』の執筆に協力した米海兵隊のG・ニューシャム大佐の盟友です。

田北　そうなんですか。

江崎　ファネルやニューシャムのような対中強硬派は、アメリカでは一貫して少数派だったんです。理由はまず、オバマ政権まではホワイトハウスは一貫して対中宥和でインド太平洋軍司令部も中国に対して楽観的だったことがあります。次に、米軍は、そもそも中国海軍は大したことはないとバカにしていたからです。さらに中国の脅威に備えるとなれば「海軍力増強」となり、結果的に海軍の予算を増やすことになりますが、それを米軍の最大勢力である陸軍は嫌がったんです。どこの国でも限られた予算をめぐって内部対立があるものなのです。

田北　ヨシハラ氏は「中国海軍を侮るな。中国海軍をバカにするのはいちばんダメだ」と何度も戒めています。人民解放軍は自分たちが劣勢にあっても、優位にある勢力に立ち向かっていくことを美徳としているわけで、それが人民解放軍の恐ろしいところなのです。

江崎　中国は失敗に学んでいるんですね。

田北　はい、すごくしたたかですよ。私自身も『毛沢東の兵、海に行く』を翻訳して、以前よりも人民解放軍を恐ろしいと思うようになりました。

江崎　自国の失敗に学んでいくというのは本当に大変なことなんです。

田北　しかも人民解放軍は自分たちを強くするために、敵の国民党軍から利用できるものを全て吸収しました。国民党軍の幹部を人民解放軍海軍の幹部にすることまでやってのけるのです。プラグマチックの極みですね。勝つためにはなりふり構わない。

江崎　それは孫子の兵法の「用敵」ですね。つまり、敵は倒して破壊するものではなく利用するものだ。孫子の兵法では基本は、敵をどう利用して自分たちが勝つかを考えることなんです。

田北　人民解放軍海軍が海南島を攻略した話に戻すと、何で勝利できたかと言えば、海南島にいる反国民党軍的な勢力の土着の人たちを完全に自分たちの味方に引き入れたからでした。人民解放軍は攻略したいところに対して自分たちの理解者を増やすことをやるわけです。このやり方は昔から徹底されていて、今まさに中国はそれを各地でやっていますね。

江崎　日本人の場合、敵を遠ざけることができるわけがないのに遠ざければいいと思っている。だから、日韓国交断交や日中関係断絶などと主張する人が少なくないんです。

田北　そうですね。

江崎　断交や断絶をしたからといって、国を守れるわけではありません。

田北　中長期的な戦略を適用して、こちらも相手を使ってやろう、というぐらいに思わなければいけない。

江崎　敵を用いる中国と、敵を非難して敵との関係を絶とうとする日本とでは、どちらが強いのか。中国が強いのは言うまでもありません。

田北　最近、笹川平和財団が人民解放軍の佐官級の人を日本に招待しました。これに日本の極端な保守派は「けしからん」と言うわけです。でも、そういうことはやっておけばいいんですよ。

招待されると、日本に来て「日本はいいな」という秘かな思いが芽生える中国の軍人もいるかもしれない。また、自衛隊の幹部と交流して、「この人だったら話せるのではないか」と思う人もいるでしょう。何年か経ったら、そうした人民解放軍の幹部と自衛隊の幹部はどこかで顔を突き合わせることだってて十分にあるんです。そもそも、単に、お友達になりましょうという交流ではないはずです。相手は人民解放軍ですから。

中国と日本では「平和」の持つ意味が違っている

江崎　『孫子の兵法』の用敵に関連して言うと、1989年に天安門事件が起こったとき、東京大学や早稲田大学に留学している中国人留学生たちが中国に帰れなくなりました。僕は何とか応援しなければいけないと思って、一時期、彼らの応援をしていたんです。

それで仲良くなって、あるとき一緒に酒を飲んでいたら、中国人留学生の1人から「江崎さん、日本では平和ってどういう意味で使うんですか」と聞かれたのでした。僕が「平和は英語でピースで、戦争がないこと。平和を望むというのは戦争しないとか、お互いに共存しましょうという意味ですよ」と答えたら、「我々中国人は根底の価値観として、平和という言葉は『和して平らげる』ということなんです」と言うのです。要は仲良くなって相手を平らげる、支配するということです。

田北　面白いですね。

江崎　日本は中国と同じ漢字文化圏だから、和平もしくは平和と聞くと、日本と中国は同じ意味だと勘違いしてしまう。けれども、平和という考えの哲学が違う。つまり、中国にとって、平和とは仲良くするふりをして相手を支配することなんですね。

もちろん辞典にはそんなことは書いていません。でも根底にはやはり『孫子の兵法』があって、敵をどう使うのかが基本なんです。もっとも、戦争はみんなそうでしょう。いったん休戦交渉をして相手を油断させて、攻め滅ぼすというのが、ほとんどの戦争の歴史ですよ。それを知れば、中国が台湾併合計画を放棄することはあり得ない。

田北　放棄なんてしませんよ。

江崎　人民解放軍は台湾併合のためには、中国海軍だけではなくて民兵もフル稼働させるでしょう。

田北　まさに福建省にいる漁民なども海上民兵勢力として使われます。それが昔からの彼らのやり方でした。

江崎　要するに、非正規軍をフルに使いながら台湾を併合していくというのが中国海軍のＤＮＡなんですね。

田北　その根本には、やはり中国海軍が陸軍である野戦軍から端を発していることがあります。それを公開情報からトシさんが明確に読み解いてくれたのです。

江崎　同じ漢字文化圏だから分かった気になりがちですが、実は日本と中国の文化、発想は全く違うわけです。その違いを明確に理解し、自覚するためにも、田北さんの翻訳した『毛沢東の兵、海に行く』というような歴史的背景を踏まえた分析が重要なのです。

田北　しかし残念ながら、この本はいまのところあまり話題になっていません。

江崎　国家戦略では、敵の脅威を分析することが基本です。しかし、国家戦略という観点で国際政治を考える文化が広がっていないため、この本の価値もなかなか理解されないのでしょう。

田北　最近、専門家の人をないがしろにする空気があります。戒めたほうがいいですね。

中国を研究している人には、中国に関して私たちの知らない知見がたくさん詰まっているはずです。政府の然るべき機関が、中国を研究している人から中国人はこういうときはこう考える、などといった知見を吸収して、それを脅威認識などにも活用すべきだと思うのです。もとろん、中国の代弁者のような専門家には要注意ですが、代弁していることをわかった上でウォッチしておけばいいと思います。

江崎　敵だからこそ遠ざけるのではなく、徹底的に研究し、中国語を学ぶ専門家をどんどん養成すべきなのです。幸いなことに、櫻井よしこ先生率いる国家基本問題研究所が2021年、トシ・ヨシハラさんに「日本研究賞」を授与していますが、日本として、内外の専門的知見や分析をフル活用したいものです。

裏には必ず明確な意図が潜んでいる中国の行動

江崎　資料「なぜ、いま防衛力……」には「軍事的には、ウクライナは、ロシアから『国を守るために十分な力を持っていない』と思われたため、ロシアに侵略を思いとどまらせることができませんでした」とも述べてあります。つまり、中国、ロシア、北朝鮮などについても、その思考やドクトリンを理解しなければ、侵略を思いとどまらせることはできないということです。

田北　そうですよね。

江崎　防衛力を実際に強化せずに口先だけで我々は「強くなったぞ」と言ったところで、相手側が侵略を思いとどまってくれるのか。そんなことはありません。どうしたら侵略を思いとどまってくれるのか、相手側のことを知らないといけない。

田北　だから、彼らの戦略のツボがどこかをわからないといけないのですが、私たちがここがツボだろうと思っても、全然違っていたりするわけです。

江崎　日本政府は今のところ、敵基地反撃能力を持てば相手国も思いとどまってくれるだろうと想定しています。ただしその場合、どういう敵基地反撃能力を持てば日本に攻撃をしてこなくなるのかを、相手国と対話をしながら見極めていかなければなりません。その対話というのは人同士の対話だけではなくて、戦略的コミュニケーションといって軍事的な行動も含みます。それで例えば中国側がどうすれば思いとどまるようになるのかを知ることです。ただし中国側も手の内をなかなか見せないので、中国側の行動などを見ながら、こちらの対応と相手側が思いとどまる場合との因果関係を分析しなければなりません。

田北　最近の具体的な事例はあるでしょうか。

江崎　2024年5月20日に頼清徳の台湾総統就任の式典がありました。直後に中国が台湾包囲の軍事演習をやったのが1つの事例になると思います。同様の演習でも2022年8月にアメリカのナンシー・ペロシ下院議長が台湾を訪問したときとは違いました。

今回の包囲演習には2つの特徴があって、1つは台湾の本島だけではなく離島を含めていることです。離島を奪取するのかどうかは別にして、離島地域の航空優勢、制海権を確保するということで動き始めている。

もう1つが日本のEEZ（排他的経済水域）を演習の範囲に入れなかったことです。前回は日本のEEZにミサイルを打ち込みました。それに対して日本側もかなり厳しく対応し、米軍やイギリス軍と一緒になって東シナ海で軍事訓練を何度も繰り返しました。

今回、中国が日本のEEZを避けたのは、日本に台湾有事に関与してもらいたくないので、日本を巻き込むようなことをしなかったという評価の仕方はあるでしょう。

田北　あえて日本のEEZを避けたのでしょう。中国のやることには明確に意図が潜んでいるからです。たまに何かびっくりするような大チョンボもやりますけど。

例えば、中国は日本の周辺海域にブイを設置したという報道に接することがあります。中国は理由なしにブイを設置することはしません。気象データの収集などと主張するでしょう。一見、何の問題もないように見えますが、数年前、中国が台湾海峡の潮の流れや天気などを緻密に分析しているという報道がありました。いざというときに備えて台湾海峡の潮の流れや天気など綿密に分析しておくことは、中国にとって非常に重要なのです。

江崎　だから我が国としては、中国側の動きを丁寧に分析し評価していくという積み重ねがこれからますます重要になってきます。

「1つの中国」を破られることが中国のレッドライン

田北　中国は今、太平洋地域に限定すれば、アメリカと軍事的にパリティ（均衡）に近づいています。中国がすでに優位との指摘もあります。日米としては今、中国側に優位になっていると思わせてはいけない。ただ、ヨシハラ氏曰く、「まさに弱者は強者に勝るという考え方が現在も中国軍に深く浸透している」。

つまり日米側は、中国が逆立ちしても絶対に勝てないぐらいの圧倒的な軍事力を持っていれば、中国は台湾をとりにこないだろうと考えるところ、中国側は「いやいや、強い相手に立ち向かうことが自分たちのＤＮＡなのだから、パリティなど関係ない」と思うかもしれない。江崎さんに聞きたいのは、こう考える相手をどう理解し、対峙したらいいのか、ということです。

江崎　その前提として米海軍は、現実的な問題として現段階では、極東・太平洋地域での海軍力だけで言えば、日米側が劣勢だと分析しています。その質はともかく、数だけで言えば、潜水艦、フリゲート艦、戦闘機のいずれの数も圧倒的に中国が上なんです。

田北　日米が劣勢になっているわけですね。

江崎　とはいえ、中国にとっては台湾を本当に併合することに関する政治的リスクはたくさんあるわけです。例えば、中国側が台湾を攻撃したら、ロシアによるウクライナ戦争のときと同じように、アメリカを始めとする自由主義陣営は直ちに経済、金融制裁を実施することになるでしょう。もちろん、中国大陸にあるアメリカや日本企業の資産も差し押さえられるでしょうが、日本側だって、日本の土地や不動産を買ったり、日本に進出している中国系企業の資産を即座に凍結することになるでしょうね。

それでなくとも中国経済は不動産バブルがはじけて不調なのに、対外貿易額で過半数を占める日本とアメリカとの貿易が途絶えたら中国経済は一瞬にして麻痺することになるでしょうね。国際社会にある中国の金融資産も凍結されたら、貿易の決済もできなくなるかもしれないし、そうなれば世界有数の食糧輸入国である中国は、国民を満足に食べさせることもできなくなってしまう。中国の主要都市のスーパーに食料品が並ばなくなったら中国国民は暴動を起こすでしょうが、そんな危機に現在の中国共産党指導部は果たして耐えることができるのか。よってウクライナ戦争を踏まえてアメリカも日本もロシアを経済、金融両面から締め上げて、他国を侵略することのコストがどれだけ大きいものなのかを、中国側に見せつけているわけです。実際、今回の台湾総統就任式後の軍事演習によって、中国の機器メーカーなどの株価が暴落しました。経済的には今回の軍事演習で中国側は確実にダメージを受けています。

金融面だけではありません。日本とアメリカは、中国の軍事的脅威をアピールすることで、クアッドを強化し、ＡＳＥＡＮ諸国を引き込み、対中依存度を減らす方向で国際的なサプライチェーンを再編し、中国にある製造業をアメリカ本土や日本へと戻しつつあります。

中国の脅威を利用してアメリカも日本も自らの立ち位置を強化することをやっているのです。特に日本は、中国の脅威を利用して経済安全保障体制の強化や防衛力整備、インテリジェンスの強化を行っています。逆風でもヨットは前に進むのです。

田北　確かにそうですね。

江崎　国際政治ではマイナスはプラスになり得るのです。危機は変革のチャンスでもあります。

脅威を正確に分析すれば、いくらでも対策の打ちようはあるのです。危機はチャンスでもあり、従来の政策を転換する大きな理由になるのです。我が国もアメリカも軍事的には劣勢だから、防衛力の抜本強化に本腰を入れるようになったのです。

田北　劣勢であれば、その状態を改善すべく動くわけです。

江崎　いずれにしても、軍事費が増えていくことも1つのエスカレーションですから、このエスカレーションが戦争につながらないためにも、中国側がどこをレッドラインにしているのか、それを知るために日米側は、中国共産党指導部と常に対話をしておかないといけません。

田北　そのレッドラインについて言えば、最近、中国側はことあるごとに「1つの中国」を持ち出しています。対してアメリカ側も「1つの中国」という言葉を返しているのだけれども、2024年5月の台湾総統就任式の後、アメリカやイギリスにいる中国大使はツイッター（X）などで、「1つの中国」の歴史的経緯を縷々説明しています。

すなわち、中国側は「1979年の米中の共同声明でアメリカは中華人民共和国政府を中国の唯一の合法政府であると承認し、中国はただ1つであり台湾は中国の一部である、との中国の立場を認めた。それをアメリカは忘れたのか」などと連打しているのです。

このように歴史的経緯に焦点をあてて、アメリカに対して「1つの中国」を破ることがレッドラインであると突きつけているわけです。

江崎　確かにアメリカ側には中国側に配慮しているグループもいます。しかし、そもそも米中結託路線は冷戦時代、アメリカにとって最大の脅威であったソ連に対抗するための戦略上の要請でした。東側のソ連と中国を分断し、中国をアメリカ側に引き寄せることでソ連に対する軍事的外交的優位を獲得しようとしたわけです。しかし、ソ連邦が解体し、東側陣営が弱体化した以上、中国に配慮する必要もなくなったはずなのです。よって少なくとも中国が経済的に発展を始めた今世紀初頭の段階でアメリカは米中結託路線を見直すべきだったのに、それをしてこなかったのは失敗だったというのが、トランプに近い対外政策担当者たちの考え方なのです。

現に2024年1月、トランプに近い民間シンクタンク「アメリカ第一政策研究所（The America First Policy Institute：AFPI）」の方が来日してきて、「COUNTER THE MALIGN INFLUENCES OF THE CHINESE COMMUNIST PARTY（中国共産党の悪意の影響に対抗すること）」と題する包括的な対中政策パンフレットを見せてくれました。その10項目は「Provide Taiwan with the Military Support Needed to Sustain its Independence（台湾の独立

を維持するために必要な軍事支援を台湾に提供すること）」と書いてありました。台湾の「独立（Independence）」と明記している点に注目したいですね。

台湾総統就任式に大挙出席の日本の国会議員

田北　2024年5月20日の台湾総統就任式にアメリカの連邦議会の議員が行かなかったことについてどう思いますか。

江崎　必ずしもアメリカの現役国会議員が行かなければいけないということはないと思いますよ。アメリカではすでに大統領選が始まっていて、総統就任式にはポンペオ元国務長官とアーミテージ元国務副長官が行きました。アメリカ側としては、共和党と民主党の人間が参加しているのだから、それで十分だろうという判断でしょう。

しかもアメリカ側は台湾関係法や台湾旅行法などの法律をどんどんつくって、台湾と事実上、軍事同盟化する方向へと舵を切っています。

一方、我が国の現役国会議員がなぜ大勢で台湾総統の就任式に行ったのか。

田北　台湾総統就任式に行った日本の国会議員が31人というのは多いですよね。

江崎　では、参加した我が国の国会議員は、日台関係の法律を何かつくるのか、日台交流の予算も新しく付けるのか――。

田北　あれだけの数の国会議員が行ったのなら、実質的に日台関係をどうするかというのを目に見える形で見せてほしいですね。もちろん日台間には目に見えないところでやっている施策もたくさんあるでしょうが、やはり目に見えるように伝えることも大切です。

江崎　アメリカ側はトランプ政権のときに台湾旅行法などを成立させて、アメリカ政府の高官と台湾政府の高官がお互いに堂々と行き来できるようにしました。日本側もそれを見習うべきですよ。それに、政府高官の行き来をしてはいけないなどということは、別に日中の条約上の義務になっているわけではありません。あくまでも申し合わせみたいな話なのです。

田北　表になっていないだけで政府高官の往来はあるようです。

江崎　そういう形で日台関係を強化していくことに、もっと踏み込むべきだと思います。

田北　依然として日本の政府関係者は、台湾についてはなかなか歯切れが悪いですからね。話せないことが多いという事情もあるのでしょうが。

江崎　それはあると思います。でも、せっかく安保3文書で中国の脅威、特に台湾「有事」にも対応するという姿勢を打ち出している以上、我が国も台湾関係に対して、法整備を進めていったほうがいい。台湾「有事」が囁かれているのに、いまだに日本と台湾との間に公的な軍事、インテリジェンスのパイプが存在しないなんて、ありえないことです。

田北　今だって日台の間にはいろいろな申し合わせがあるのだから、法整備ができなかったとしても、その申し合わせを、安全保障分野にまで入り込ませていくべきだと思いますね。ただ、繰り返しますが、日台間は表にしないことが多いので、実態はもっと進んでいる可能性もあります。

先端の日本企業が中国から離れるのが経済安保の要請

田北　ここで日中関係に話を戻します。保守系の人たちは中国に進出している日本企業にも日本に帰ってこいと言っています。

江崎　まず中国進出の是非の前に、今のような円安が続くのであれば日本国内で生産して海外に輸出しても一定の価格競争力が維持できます。だから円安が続くなら、生産拠点の国内回帰を進めていくことに僕は賛成です。

田北　私も賛成です。一方、残るべきという人たちは、それでも中国の電気代は日本よりも安いから、工場をオートメーション化すれば中国で生産したほうがコストが安くつくといいます。

江崎　電気代が安くついても、中国は自由主義陣営ではありません。数年前から我が国も自由主義陣営での国際的なサプライチェーンの組み替えを推進しています。これは、基幹的な技術を含めた製品は自由主義陣営の中でサプライチェーンを組むということです。

その動きがアメリカ、ヨーロッパ、東南アジアなどでも起こっている以上、日本もその動きに呼応すべきです。逆に中国側のグループに乗るのは政治的リスクが非常に大きい。特に先端的な製品を生産している日本企業は、中国から徐々に撤退すべきだし、これから中国に進出すべきではありません。

田北　先端的な製品でないなら、例えば「100均」向けの製品の生産や飲食業などは、中国で活動してもいいということですか?

江崎　私はそれで構わないと思います。現に我が国の最大の貿易相手国は今なお中国なので、そういう日本企業が中国との関係を維持しているのを、あえて壊す必要はないですね。事業分野を問わず、あらゆる日本企業に対して「中国と付き合うな」と言うほうがむしろおかしい。ただし、有事に際して中国大陸に在住する邦人の身の安全をいかに確保するのかという観点からすれば、できるだけ現地法人化して、日本人スタッフは日本に引き揚げさせるようにした方がいいと思いますし、実際に新型コロナを契機に、そうした動きを日本企業は始めています。

田北　要するに、日本企業の活動も経済安全保障の観点から考えるべきだということですね。

江崎　そうです。我が国は第2次安倍政権以降、例えば農林水産物・食品の海外輸出を増やしてきました。これは海外への輸出増が国内の食料の生産・供給能力を上げていくことにつながるからなんです。国内の農林水産物の生産量を増やしておけば、いざというとき助かりますからね。

コロナ禍では国内で医療用マスクを生産できなくて大変でした。本来なら一定量のマスクは国内でつくれるようにしておくべきだった。経済安保のリスクヘッジ上、国内で生産できるようにしておいたほうがいい物はいろいろとあると思います。

田北　確かに第2次安倍政権になってから、経済安保という言葉がよく使われるようになりました。

江崎　日本政府も今は一貫して経済安保の重要性を強調しています。だからサプライチェーンを自由主義陣営でやっていこうとしているし、我が国の基幹インフラである電力、水道、道路、港湾などに対して、外資が入ってくることも規制するようになりました。

田北　半導体の需要が急激に増えていることに象徴されるように、電気・電力は不可欠です。その点では日本の電気料金が上がり続けるのはやはりまずいですよ。

江崎　岸田政権は電気料金の上昇を抑えるために原発再稼働を認めました。ほかに電気料金を下げるためには、再生可能エネルギーによる発電促進のために徴収している「再エネ賦課金」の廃止も検討すべきでしょう。また、電力の安定供給や調整力として重要な火力発電を改めて再評価することも必要です。

第7章

変貌する自衛隊が抱える課題

平成に入って大幅に追加された自衛隊の新しい任務

江崎　本書の最後にあたり、改めて国防の根幹である自衛隊の課題を議論して締めくくりたいと思います。

昭和の自衛隊の任務は「我が国の防衛」「災害派遣」「治安維持」の3つでした。特に東西冷戦時代は、ソ連の軍事的脅威に対応して北海道方面の防衛に力を入れてきました。

ところが平成に入ると、アメリカをはじめ同盟国、友好国との関連業務の任務が急増しました。まず1991年の湾岸戦争に伴う「国連平和維持活動」、さらに「北朝鮮のミサイル・核の危機」に対応し、17もの任務が自衛隊に追加されました（図表2参照）。令和になると、「宇宙状況監視（宇宙作戦隊新編）」も加わっています。

田北　ずいぶん多くの任務が追加されているんですね。

江崎　少し説明しておくと、そのなかの「日米ACSA（物品役務相互提供協定）」は第2次安倍政権のときに自衛隊と米軍との間で結ばれました。一方が物品や役務の提供を要請したときには、他方が提供できるというのが基本原則となっています。

図表2　急増した自衛隊の任務と業務

昭和の自衛隊の任務

- ①我が国の防衛
- ②災害派遣
- ③治安維持

湾岸戦争に伴う国連平和維持活動や、北朝鮮のミサイル・核の危機に対応して任務の項目が追加

平成に追加された任務

- ④国際緊急援助活動
- ⑤国際平和協力活動・人道支援
- ⑥在外邦人等輸送、在外邦人等保護措置…いわゆる安全確保などの業務拡充
- ⑦日米物品役務相互提供協定…駐留軍施設等の警護を行う場合等拡充
- ⑧周辺事態安全確保法…重要影響事態における後方支援活動
- ⑨警護出動
- ⑩国民保護法
- ⑪弾道ミサイル対処
- ⑫海賊対処活動
- ⑬能力構築支援活動
- ⑭サイバー防衛（サイバー防衛隊新編）
- ⑮防衛装備移転三原則
- ⑯グレーゾーンの事態対処
- ⑰国際平和共同対処事態における協力支援活動等
- ⑱米軍等の部隊の武器等防護
- ⑲船舶検査活動
- ⑳存立危機事態対処

令和に追加された任務

- ㉑宇宙状況監視（宇宙作戦隊新編）

さらに安倍政権ではオーストラリア、イギリス、フランス、カナダ、インドともACSAを結びました。これらの国々は我が国にとって準同盟国のような存在と言えましょう。

田北　「能力構築支援活動」はキャパビル（キャパシティ・ビルディング）ですか。

江崎　そうです。具体的には、自衛官がアジアインド太平洋諸国の軍隊に派遣され、訓練の仕方、船舶の軍艦の整備の仕方、戦時国際法の読み解き方、海上でのトラブルへの国際法上の対処などについて支援しています。

また、「サイバー防衛」を担うサイバー防衛隊が新しく編成されました。21世紀の戦争ではサイバーへの対応は欠かせません。

田北　追加任務の負担は自衛隊に重くのしかかっているでしょうが、日本周辺では外国機や外国船による不穏な動きも活発化してきました。以前から行ってきたその対応も自衛隊を疲弊させていますね。

江崎　大変ですよ。我が国の周辺海域への外国船の進出は、２００９年は9件だったものが、２０２１年には70件となりました。中国、ロシアなど外国機に対する緊急スクランブル発進は２００９年の２９９回が２０２１年に１００４回まで増えています。北朝鮮のミサイルも２００９年の８発が２０２２年は73発になりました。

田北　大変な状況であることがはっきりと数字に表れていますね。

江崎　自衛隊は任務が増えてきただけでなく、同志国の軍隊の連携の機会も多くなってきました。アメリカ以外でもインド、オーストラリア、イギリス、フランス、ドイツといった国々の軍隊との連携を強化しています。それで自衛隊は各国の軍と共有した膨大な情報を蓄積できます。自衛隊も、世界各国の軍と現場で一緒にやっていかなければならない時代になっているのです。意思疎通は基本的に英語でしょうが、外国語の習得一つとってもなかなか大変なことです。

第2次安倍政権では「自由で開かれたインド太平洋」戦略の下でアメリカ以外の国と防衛交流を増やしたため、各国との会談や防衛交流は2009年の70回から2019年に155回になりました。

共同訓練に至っては2009年36回だったのに2022年は158回なんですよ。2日に1回は共同訓練をやっていることになります。

共同訓練の大きなものとしてはARC21（自衛隊、米軍、フランス軍、オーストラリア軍の共同訓練）があります。これで2021年に長崎県佐世保で図上演習、鹿児島県霧島で水陸両面作戦、同・鹿屋でオスプレイ訓練、東シナ海で防空対潜水艦戦闘訓練、発着艦訓練を実施しました。つまり、4軍の司令部を佐世保に置いて台湾有事・尖閣有事のときにどう一緒に動くのかという訓練です。

中国、北朝鮮、ロシアという「力による現状変更をもくろむ国」に対抗するため、アメリカと日本だけでは足りないので、オーストラリア、フランス、イギリスなども巻き込んでいるわけです。

自衛隊は仕事の量も種類もどんどん増えてきている

田北　自衛隊の配置再編も進んできました。

江崎　最も大がかりなのが、中国の脅威に対抗するために陸上自衛隊の兵力配置を北海道方面から沖縄・南西諸島方面へと変えたことです。これによって、北海道では戦車を動かしていた部隊が南西諸島を中心に海の水陸両用作戦体制と海上輸送、そしてスタンドオフという地対艦ミサイルの運用にも対応していきます。

北海道のだだっ広い荒野で戦車と歩兵を中心に戦うことになっていたのに、今度は「船に乗ったりドローンを使ったり、ミサイルを撃ったりしろ」と言われているわけです。

全く畑違いのことを10年かけてやるようになってきているのですが、陸上自衛隊のなかには「俺は海が嫌いだったから陸（陸上自衛隊）に行ったのに、よりによって海かよ」と嘆いている人もいると聞いています。

田北　先に述べたように、中国人民解放軍でもかつて全く海を見たことがない陸軍の軍人が海軍の軍人になりましたからね。

江崎　同じことを陸上自衛隊もやらなければならなくなってきているわけです。今度、海上自衛隊も水上艦艇部隊をつくります。今までの中心的な任務は、日本近海を警戒監視して回ることでそのプレゼンス（存在）を示すことと、敵の潜水艦を把握する対潜哨戒、そしてイージス艦による北朝鮮などのミサイルに対する警戒監視でした。これからは、輸送や陸上自衛隊の部隊などを守る水上艦艇部隊も運用することになります。

プレゼンスと対潜哨戒、ミサイルに対する警戒監視を担当していた海上自衛隊にこれから、水上でのバトル対応という新しい仕事が増えます。しかし人員は増えず、対潜哨戒もそのままやらなければいけません。航空自衛隊に至っては現状でもスクランブル発進で手一杯なのに、次は宇宙もやるんですよ。

田北　自衛隊本来の仕事とはいえ、その負担は年々過酷になってきているのがよくわかります。

江崎　さらに与那国島、石垣島など「先島諸島12万人避難計画」もあるんです。安保戦略の「国民保護のための体制の強化」にはこう書いてあります。

「武力攻撃より十分に先立って、南西地域を含む住民の迅速な避難を実現すべく、円滑な避難に関する計画の速やかな策定、官民の輸送手段の確保、空港・港湾等の公共インフラの整備と利用調整、さまざまな種類の避難施設の確保、国際機関との連携等を行う」

これに基づいて2024年3月、政府と沖縄県は、有事の際に台湾に近い先島諸島の住民約12万人を九州各県に避難させることを想定した、初めての図上演習を行いました。

先の大戦のときも沖縄からの避難民が九州へ疎開しました。80年前と同じことがまた始まったのです。避難側では、住民避難の際、航空機搭乗前の避難者情報と座席の登録方法の確立、島内移動に必要な大型バスと運転手の確保、手荷物の事前確認、船舶輸送が必要な要配慮者・ペット同伴者の把握、家畜の避難などを詰めている一方で、受け入れ側の九州各県と山口県の方では、空港からの輸送手段の確保、実際に担当する市町村の選定、宿泊所の手配や飲食物の備蓄など決定しなければならず、課題は山積ですが、2025年2月までには避難計画の暫定版を作成する予定です。こうした課題を内閣官房と地方自治体、そして防衛省、国土交通省、総務省、厚生労働省、文科省などが連携して解決していかなければならないため、大変なんですよ。

田北　どこもかしこも本当に仕事量が増えていて、しかも仕事の種類も多様になってきているのですね。

人員の数は同じで配置のやり繰りで仕事増に対応

田北　仕事量に比例して人員も増えていけばそれほど問題はないでしょうが、自衛隊の場合は違いますね。

江崎　ずっと防衛省の予算は微増のままで人員も増えませんでした。業務がどんどん増えていっても予算も人員も変わらなかったのに、現場は「ふざけるな」と言いたいのを我慢して、むしろ死に物狂いで対応してきたのです。防衛省・自衛隊はこれまで本当によく踏ん張ってきました。スクランブル発進などに対応している航空自衛隊の現場なども見てきましたが、ろくに休みも取らずに日本の空を懸命に守っている自衛官たちの姿を見ると涙が出てきます。

田北　しかし踏ん張ると言っても、仕事の種類が一定で仕事の量だけが多くなってきているのならまだしも、仕事の種類も増えていますからね。

江崎　非常に大変ですが、人員のやり繰りで業務の増加に対応しているのが現状ですが、実は対応できなくなりつつあるというのが実際のところだと思います。

例えば、第2次安倍政権になってから防衛省・自衛隊のインテリジェンス部門はどんどん強化されました。防衛省情報本部の予算は1997年は171億円だったのが、第2次安倍政権の2008年には494億円と2・5倍になり、2023年には1168億円に増えました。倍々増ですよ。

情報本部の人員も1997年には自衛官1250人、事務官374人の1600人体制から第2次安倍政権の2015年には自衛官1911人、事務官577人の2500人体制になりました。それが岸田政権になって2600人体制へとさらに拡大しました。

これだけインテリジェンス担当の人員を増やしたのに、自衛隊全体の人員は増えていません。ということは、他の部署の人数を減らしたということです。

田北　減らされた部署は大変ですね。やはり全体の人員を増やさないと、増加する仕事への対応は無理ですよ。

江崎　ところが、これまで行政改革推進法に基づく総人員経費の改革で自衛官全体の実数削減も言われてきました。ただ、仕事が増えているのにさすがに実数削減はできないため、このような歪な構造になっているのです。

田北　さらに市ヶ谷に、統合作戦司令部をつくることになりました。

江崎　だから、そこに陸海空自衛隊の優秀な者を集めなければならないわけです。それで優秀な者が抜けていく各現場や各駐屯地を、では誰がまとめていくのか。

田北　そう言えば、NSSができたときも安倍総理は明確に「自衛官を大勢、NSSに入れろ」と指示したと聞いています。いまでは防衛省・自衛隊からNSSに優秀な人材が送り込まれていますが、防衛省・自衛隊を逼迫させるほどの人数ではありません。自衛隊の人員の逼迫では、士官と下士官とで分けて言えば下士官の不足が顕著ですね。

江崎　非常に顕著です。安保3文書によって防衛力強化のための新しい組織をつくり、防衛力整備計画で5年から10年かけて自衛隊を抜本的に変える方針なので、やはり新しい組織に優秀な人材が入る一方、現場はスカスカになっていきます。

防衛費が大幅に増えても、結局、給料は変わらず人員も増えず、仕事だけは倍以上になってきているというのが自衛隊の現状です。だから、自衛隊は大きく変貌しているものの、同時に現場では不満も凄まじく出てきています。

田北　となると、自衛官を辞めていく人も増えていきます。

江崎　防衛予算を倍にしても給料が変わらず人員が同じだったら、「倍の仕事をやれ」と言われても、国のためには必要かもしれないけれども、「やっていられない」ということになるのも無理はありません。

自衛隊の人員目標を下げると予算も削られてしまう

江崎　人員が同じで業務量だけが増えていくなら、自衛隊はボロボロになりますし、現になってしまっています。

田北　いずれ限界が来ますよ。戦う前に自滅してしまいかねません。

そもそも自衛隊の定員は約24万7000人ですが、2022年度末の時点で充足率は92・2％となっています。

2024年7月に、防衛省は23年度の自衛官の採用人数が1万9598人の募集に対して9959人にとどまり、採用率が51％の過去最低になったと発表しました。高卒新卒者の有効求人倍率の向上や少子高齢化による影響が背景にあるということですが、いずれにせよ事態は深刻です。一方で、今後も希望者が大幅に増えることがあまり期待できない中、定員を約24万7000人とし続ければ、「今年も充足率を満たせませんでした」という発表が恒例行事になってしまいます。最近では自衛隊の中から「定員数を下げればいい」という声も聞こえてきます。いつかは下げざるを得なくなると思いますが、当面は厳しいのでしょうね。

江崎　現在の人員目標（定数）も実はギリギリの数で、本当はもっと増やしたいところなんですが。

田北　現実に自衛隊に人が来ないのだからそれは無理なんですが、人員の目標数を下げてしまうと、財務省から防衛省の予算を削られるという側面もある。

江崎　一応、国としては自衛官の待遇改善のために、各種手当の単価を上げるなど、様々な手だてを打ち始めてはいます。

田北　はい。自衛隊には、武器のために使えるお金はふんだんにあるんです。しかし武器を動かすにはターゲティングの分析やインテリジェンスも必要です。武器を扱うのはあくまでも人間です。つまり、いくら武器を買っても、それを運用する人がいないという状況になりかねません。
もちろんＡＩやドローンなどにもどんどん投資をする必要がありますが、それらも人間がコントロールするのだから、人材育成が欠かせない。人員の面では自衛隊を取り巻く状況は相当厳しいですよ。

江崎　ではどうするのか。自衛官の待遇を思い切って改善することでしょうが、もう１つ、現役自衛官以外の国民が自衛隊の仕事の一部を引き受けるということもあるでしょう。

田北　自衛隊には予備自衛官のシステムがあります。予備自衛官も対象年齢を上げています。例えば英語の通訳の応募では、今や年齢制限が53歳まで上がっているんですよ。自衛隊としてはとにかく応募年齢を引き上げてでも、何かあったときに民間の力を使えるようにしておかなければなりません。

人員を増やさずに増える仕事に外部委託で対応する

江崎　人員を増やせない中、全体の仕事の急増に対応するために始まったのが、自衛隊の後方支援業務の民間委託です。従来の自衛隊は自己完結性という観点から、自分たちの業務は自分たちで全部できるようにしてきました。しかし、それでは回らない状況になってしまっているのです。

田北　仕事の民間委託は外部委託ですから、自己完結性も崩すことになったのですね。

江崎　外部委託が急激に増えてきて、自己完結性はなくなりつつあります。

統合司令部である統合幕僚監部ではＰＦＩという民間事業を活用する手法で海上輸送を外部に委託しているし、民間のタクシー会社などによる公用車の運転も始めています。もちろん陸上、海上、航空の各自衛隊でも外部委託をどんどん増やしているのです（図表３参照）。後方支援、兵站、医療などの外部委託が凄まじい勢いで進んでいます。

田北　とはいえ国を守る自衛隊が後方支援、兵站、医療などを外部委託して本当にいいのでしょうか。

江崎　危ないですね。しかも、どうしても自衛官だけでは対応できない専門の知見が必要な業務も増えてきています。その１つがサイバーです。防衛省と自衛隊は民間人を新規採用することに踏み切りました。これはやはり民間の専門家を登用するしかありません。

田北　確かに自衛隊の仕事も、自衛官にしかできない、自衛官でも民間人でもできる、

図表3　自衛隊における主な外部委託事業

統合幕僚監部

運用支援	○PFIを活用した民間海上輸送力の確保、○ 公用車両の運転業

陸上自衛隊

総務	○印刷業務、地図補給業務、○広報館における広報業務
給養	○給食業務、食器の洗浄及び食堂清掃業務
運用支援	○警衛所入門管理業務
施設	○厚生施設の管理運営業務、○ボイラー等性能検査業務
情報	○技術情報資料等の収集業務
整備・補給	○シーツ等の洗濯、○各補給処における回収等業務、高段階整備
試験・検査	○航空燃料等の品質検査
衛生	○病院医事業務、○病院等の洗濯、清掃業務

海上自衛隊

給養	○調理、食器洗浄業務
運用支援	○車両操縦業務、○警衛所入門管理
施設	○電気・ボイラー設備保守管理、○超長波送信所の維持整備
情報	○音響データ解析、○気象・海洋データの収集・解析、○BMD誘導弾に関する技術支援
整備・補給	○訓練装置維持整備、○艦船・航空機の整備、○弾薬等の維持整備、○防錆作業
試験・検査	○消磁装置の機材点検・測定業務
衛生	○病院医事業務、○病院等の洗濯、清掃業務

航空自衛隊

給養	○調理・配食業務、食器洗浄作業
運用支援	○警衛所入門管理（非常勤）
施設	○厚生施設、体育訓練施設等の管理運営、○電気・ボイラー等維持補修（非常勤）
情報	○技術情報資料等の収集業務
整備・補給	○装備品（機関砲等）の保守業務、○航空機の整備、○弾薬等の維持整備、○防錆作業
試験・検査	○燃料油脂の品質検査、○計測器検定
衛生	○定期健康診断の部外委託、○病院医事業務、○病院等の洗濯、清掃業務

民間人にしかできない、という区分はありますね。

有事で機能しなくなる外部委託の弊害をなくすには？

江崎　外部委託について言えば、平時はともかく、有事のときに大きな問題が出てくる可能性があります。つまり、有事になったときに外部委託の後方支援が機能しなければ、自衛隊は戦えません。

田北　そうですよね。例えば敵から攻撃を受けて基地のボイラーが壊れたら、民間事業者がボイラー修理に来てくれるかというと、ドンパチをやっているのだから行けませんと言われかねない。

江崎　基地の警備も民間に委託する方針だけれども、これも有事のときにできるのか。要するに、有事における部外力の実効性の確保という問題です。有事のときに怖いから自衛隊の委託業務をやめますと言われては困るわけですよ。

そこで、とりわけ武力攻撃事態などに際して必要な後方支援業務については予備自衛官などを活用する案が検討され始めています。

田北　まさに基地の警備などは該当しますね。

江崎　有事でも機能する後方支援や兵站を確保するためには、予備自衛官による民間会社を利用してはどうかということです。

実際には退役自衛官や予備自衛官が個別に業務委託を受ける形で、細々と始まってはいるのですが、この動きをもっと大きくして防衛産業のほかに自衛隊に関わる民間産業を形成していかなければなりません。

それは、自衛官をやめた人たちを再雇用する民間会社の起業を増やし、予備自衛官になる人自体も増えるという効果ももたらすと思います。

外国の軍隊では、退役軍人が働く民間会社にさまざまな業務を委託するケースが多くなっています。日本でも同じことができるはずなのです。

田北　民間会社が当たり前のように自衛隊の後方支援業務を行うということですね。でも基地の警備などでは、銃を持つことにもなるかもしれません。その場合、普通の民間会社というわけにはいかないでしょう。

江崎　外国で言う「ＰＭＣ（プライベート・ミリタリー・カンパニー）」、つまり民間軍事会社が求められるようになるでしょうね。とすれば、我が国でも民間軍事会社には、ある程度の武器使用を認める法整備と、死傷した場合の補償措置が必要です。と同時にその民間会社と社員に対してスパイ対策、つまり徹底的なセキュリティーチェックも行わなければいけません。

一方、自衛隊から業務委託を受ける民間軍事会社ができると、我が国に新しく軍事のビジネス分野が生まれます。

田北　ビジネスチャンスが増えるということですね。

増えた防衛費をきちんと使うこと自体も難しい

田北　ここまで仕事量と人員数の問題を話してきました。ただ視点を変えると、急増してきた防衛費をきちんと消化すること自体もけっこう難しいんですね。

江崎　大変ですよ。例えば地方の基地の強化で1つの工事を実施するのも、簡単ではありません。ましてや工事の量も急激に増えているのです。

背景には、予算がそれまでの1500億円から6000億円へと4倍になったということがあります。工事の発注は内局の仕事なので、今は内局も制服組を監視するより、60

00億円の予算を少ない人員で消化していくことで精一杯なんですね。

もっと具体的には最近、陸上自衛隊が北海道方面から沖縄・南西諸島方面へと配置を変えるのに伴い、南西諸島ではすでに4個駐屯地を新設したほか、今後も佐賀、馬毛島、太平洋島嶼などに駐屯地の新設を予定しています。米軍再編事業に関しても、普天間飛行場の代替建設事業や嘉手納以南の土地返還事業など、沖縄の基地関連事業が急増しています。

しかし施設の設計などいろいろな手間がかかるし、工事を発注すればすぐに施設が完成するわけでもないので、やはり予算の消化に非常に苦労しているわけです。

田北　日本は一般的に単年度予算ですが、防衛省の場合は長期契約の関連で必ずしもそうではなく、予算が次年度に繰り越されることもあります。ただ、防衛省のあらゆる努力の結果、使い残しも出ているのが現状ですね。

江崎　防衛予算は2023年度から急増したわけですが、ではそれが防衛力の抜本強化につながっていくのかというと、それはまた別の話なんです。人員が同じで予算だけが急増しても、果たして予算を使いこなせるかどうか。

田北　人員の数もあるでしょうか、自衛隊員の意識の変化も必要ですね。

防衛費が増えて5年間で43兆円になったのはいいけれども、元自衛官が「倹約母さんはいきなり浪費母さんにはなれない」と言っていました。倹約する癖が何十年も続いてきた自衛隊では「大盤振る舞いをしていい」と言われても、大盤振る舞いの仕方がわからないんですよ。

江崎　長く貧乏症でやってきて、いきなりお金をどんどん使っていいと言われても、確かに困惑しますね。

地元行事支援や豚コレラ処理は自衛隊の仕事なのか

田北　いずれにせよ、現状では自衛官は出ずっぱりです。隊員は過重労働になっています。隊員も休ませなければいけません。

江崎　結局、本来の戦闘訓練の時間を確保することができず、自衛隊の練度はずいぶん落ちていると言われています。

田北　もっとも、自衛隊が本来やるべき仕事が増えてきているのは理解できるとしても、本当に自衛隊がやるべきことなのかという仕事も少なくありません。

例えば姫路城の石垣やお堀の清掃などのように、全国各地で自衛隊は地元の手伝いに加えて、基地や駐屯地などでイベントをやっている。そうなっているのは、歴史的な経緯もあって、自衛隊が地元にその距離を縮めるために地域交流を一生懸命にやってきたからだと思います。

江崎　大規模なイベントでは、さっぽろ雪まつりもそうですね。

田北　雪まつりは北海道の大行事ですが、これも、もう関わらなくていいんじゃないでしょうか。地元をないがしろにしろといっているわけじゃないんです。時間や人員の余裕がある時だったら地元貢献はいいと思います。ただ、いまは状況が変わっている。つまり、優先順位は何か、ということだと思うのですが。

江崎　関わる必要はないですよ。自衛隊は国防に専念できるようにしてあげなければなりません。

東アジアの安全保障状況が厳しくなる今後、ますます業務が増えていくことになるでしょう。その中で政治の側が業務の優先順位を決めてあげないと、自衛隊の人たちは疲労困憊するだけです。

田北　ただ難しいのは、これまで自衛隊に依存してきた仕事の扱いです。その1つが豚コレラや鳥インフルエンザへの対応で、知事の要請に基づいて近くの自衛隊の部隊が出て処理してきました。

豚はオスになると1匹300キロくらいあってすごく重い。役所は対応できないため、陸上自衛隊が出動するわけです。しかしそのオペレーションは1日や2日でとても終わらず、数週間に及ぶこともあるのです。

作業が大変なだけではありません。精神的にダメージを受けてしまう隊員も少なくない。というのは、豚は殺されるのがわかると悲鳴を上げます。その悲痛な叫び声が耳から離れなくなってしまい、隊員は精神的につらいものがあるそうです。

また、実は豚コレラへの処理には何の指針もありません。その地域の知事の判断による要請だけで自衛隊が出動しなければならないのです。

江崎　豚コレラへの対応は国防軍のやるようなことか、ということですね。

田北　まさにそうで、防衛力の抜本的な強化では、自衛隊による豚コレラの処理が必要なのかどうかも見直さなければいけません。本来任務とはかけ離れたことを、自衛隊にやらせていいのかということで。

江崎　何も見直さずに何でもかんでも自衛隊にしてもらうようなことを続けていたら防

衛力はガタガタになりますね。

アメリカでは国軍と州軍を分けていて、国軍は国防に専念し、州軍は地元の災害対応などの危機対応をやるわけです。豚コレラの処理など本来任務以外のことをやらせるのなら、先に述べたように道州制のような広域自治体に改編し、州軍のようなものをつくって、そこに担当してもらうというのも一案です。あるいは戦前の内務省のように、総務省のもとに消防、警察、地方自治体の公務員と自衛隊ＯＢを包括した災害対応組織を構築して対応するというアプローチも考えられます。

田北　そういうやり方も検討しないといけません。

江崎　自衛隊の本務が国防であることを踏まえ、自衛隊に依存しない災害対応の在り方が求められているのです。よって自衛隊とは別に、警察、消防、自衛隊ＯＢを中核とした災害対応を含む危機管理の専門部隊がどうしても必要になってきます。この災害対応部隊と自衛隊との二本立てで、国防と大規模災害・国内の破壊工作という複合危機に対応していくというのが近未来の日本の安全保障のあるべき姿だと思います。

安全保障を軸とした令和の省庁再編が求められていると言えましょう。

おわりに

「日本丸」は正しい方向に向かって歩を進めている。スピードはまだ遅いけど、確実に前に進んでいる――。本書を読み終えた後、そんな確信、そして自信を持ってもらえれば、本書の目的は達成できたのではないでしょうか。

２０２２年末に岸田政権は安全保障に関する3文書（国家安全保障戦略、国家防衛戦略、防衛力整備計画）を閣議決定しました。

日本を取り巻く安全保障環境や国際情勢が厳しさを増す中で、我が国を守り抜くために何をやるべきかを安倍政権、菅政権、そして岸田政権は自問自答し続けました。その答えとすべく、それまでの議論や検証などの積み重ねが、岸田政権によって安保3文書として世に送り出されたのです。

ＧＤＰ比１％程度に抑えられてきた防衛費を２０２７年度には現在のＧＤＰ比２％とすることや、反撃能力の保有などが明記されました。日本の安全保障は戦後最大の転換点を迎えたわけです。

閣議決定に至るまでの過程に防衛事務次官などとして関わった島田和久氏は、月刊『正論』２０２３年3月号で、こう語っていました。

「国のリーダーにとって必要なことは、『やりたいこと』をやるのではなく、『やるべきこと』をやるということではないでしょうか。岸田総理は今回まさに国として『やるべきこと』をやられたのだと思います」

島田氏の言うとおりです。岸田総理の決断は歴史が正しく評価するでしょう。

その岸田総理は２０２４年8月14日に9月27日実施の自民党総裁選への不出馬を表明しました。さらなる戦略の着実な実行は、次の総裁になる第１０１代目の総理大臣に託されることになりました。自分たちの手で国を守るという当たり前の目標に向かって、歩みが後退することは決してないと信じています。


ビジネス社の中澤直樹さんから、江崎道朗さんとの対談本の企画を打診されました。いまでは外交・安全保障への理解を深める良い機会になったと心底思っていますが、企画をいただいた時は正直困りました。中澤さんから「安全保障の専門家じゃないからいいんです」と言われて断る理由を失ったものの、「専門家じゃないからいいじゃないか」と開き直って、産経新聞記者として政治や外交をウォッチし、最近までは月刊『正論』編集長として安全保障に関する企画などを通じて知ったことなどをお話しさせていただきました。江崎さんとの対談では、会話が弾み過ぎて脱線したり、話し過ぎたりしたことからゲラで割愛した部分も多くありますが、内容豊かで大変有意義な時間でした。

本書を読めばわかりますが、我々は必ずしもすべてのことについて白黒をつけていません。曖昧にしたわけではないのですが、この世には断言できないことは多々あるからです。夫婦や友人関係でもそうであるように、人間の営みはすべてがクリアではない。外国との関係になるとさらに不鮮明になる。だから、相手を知る努力が必要となるということを我々は強調したかったのです。

一方、これは江崎さんに確認したわけではありませんが、恐らく同じ思いだったとの自信があるのでここに書きますが、対談の際、我々の頭の隅に常にあったのは、外交・防衛の裏方として、日本のために日々奮闘している官僚や自衛官のみなさんの存在です。安保3文書にせよ、日本の外交・安全保障は彼ら、彼女らの存在なくしては成り立ちません。いくら優れたリーダーがいたとしても、です。彼ら、彼女らの国を想う気持ちに心から敬意を表したいと思います。

最後に、国家安保戦略の中の一部を紹介します。なぜ防衛力が必要なのかをわかりやすく説明しているからです。ここに書かれているのは、日本の平和と安定を維持しようとする強い思いと覚悟です。多くの国民が共有しておくべきことではないでしょうか。

「……世界の歴史の転換期において、我が国は戦後最も厳しく複雑な安全保障環境のただ中にある。その中において、防衛力の抜本的強化をはじめとして、最悪の事態をも見据えた備えを盤石なものとし、我が国の平和と安全、繁栄、国民の安全、国際社会との共存共栄を含む我が国の国益を守っていかなければならない。そのために、我が国はまず、我が国に望ましい安全保障環境を能動的に創出するための力強い外交を展開する。そして、自分の国は自分で守り抜ける防衛力を持つことは、そのような外交の地歩を固めるものとなる」

2024年8月

田北真樹子

[著者プロフィール]
江崎道朗（えざき・みちお）
麗澤大学客員教授。情報史学研究家。1962年東京都生まれ。国会議員政策スタッフなどを務め、安全保障やインテリジェンス、近現代史研究に従事。産経新聞「正論」欄執筆メンバー。日本戦略研究フォーラム政策提言委員、歴史認識問題研究会副会長、国家基本問題研究所企画委員。オンラインサロン「江崎道朗塾」主宰。2023年フジサンケイグループ第39回正論大賞受賞。
主な著書に『緒方竹虎と日本のインテリジェンス』（PHP研究所）ほか多数。
公式サイト　ezakimichio.info

田北真樹子（たきた・まきこ）
1970年大分県生まれ。産経新聞編集委員室長兼特任編集長。シアトル大学卒業後、1996年産経新聞入社。2009年から2012年までニューデリー支局長。「歴史戦」取材班などで慰安婦問題などを取材してきた。2015年に政治部に戻り、首相官邸キャップを経て、2019年より2024年まで月刊『正論』編集長。

日本がダメだと思っている人へ

2024年10月12日　　第１刷発行

著　者　江崎道朗　田北真樹子
発行者　唐津　隆
発行所　株式会社ビジネス社
〒162-0805　東京都新宿区矢来町114番地
神楽坂高橋ビル５階
電話 03(5227)1602　FAX 03(5227)1603
https://www.business-sha.co.jp

カバー印刷・本文印刷・製本／半七写真印刷工業株式会社
〈編集協力〉尾崎清朗
〈装幀〉齋藤稔（株式会社ジーラム）
〈本文デザイン・DTP〉有限会社メディアネット
〈営業担当〉山口健志　〈編集担当〉中澤直樹

ISBN978-4-8284-2665-5